わからない世界と向き合うために

中屋敷 均 Nakayashiki Hitoshi

★──ちくまプリマー新書

447

目次＊Contents

はじめに……7

第一部 空に吸はれし十五の心……11
「バンジージャンプ」が飛べない君へ……12
「魔法」の使い方……20
評価の憂鬱……30
「嘘」の魔力……41
あなたの心の中心は?……50

第二部 私たちの社会の行方……59
日本人のルーツ……60
〝水〟のようにしなやかに……73
「モグラ」の心意気……82

「美しさ」の光と影……91
ヒトと人のあいだ……103
日本の未来……114

第三部　科学と非科学のあいだで……123

ＵＦＯは非科学か……124
ベターな選択……131
組織化の起源……141
迷惑でいびつな生命……151
落ちてくる卵焼き……159
幸福な時間……167
あとがき……174

はじめに

　平安時代の白河天皇は法皇となり院政を敷いて、長く絶大な権力を維持したことで有名です。『平家物語』には、その白河法皇が「賀茂河の水、双六（すごろく）の賽（さい）、山法師、是（これ）ぞわが心にかなはぬもの」と嘆いた逸話が出てきますが、これは逆説的にこの三つ以外は何でも自分の意のままになると、暗に示した言葉と言われています。ただ、この白河法皇のようにこの世で絶大な権力を誇っていても思うままにならないもの、それが「賽の目」だったのです。

　サイコロの起源は古く、紀元前３０００年くらいから世界各地でその原型となるものの記録が残っています。現在のような正６面体ではなく、直方体のような４面のものから、古代ローマで使われていた20面体のものまで、多くの種類が知られています。そういったサイコロは賭博のような遊びにも古くから使われたようですが、神様からのお告げを授かるための大切な道具という側面も重要でした。どんな権力者であっても意のままにできない、何が出るかわからない「賽の目」は、それゆえに神聖なものであり、サイコロや占術の道具を神格化して祀る風習が、世界のいろんな地域で見られます。日本でも、天候に生死が左右される漁師や船乗りは、航海安全を祈って船霊様という船の守護神を信仰してきましたが、その御神体の中には紙人形などと共に、サイコロが二つ入れられていたそうです。

科学が発達したこの21世紀では、そんなサイコロで神のお告げを得るような偶然が支配する世界は、もう無縁のもののように思えます。昔は神に祈るしかなかった海の天候も、今ではかなりの精度で予報できるようになりました。目に見えない分子の挙動でさえ、コンピューターを使って予測し可視化できる時代です。科学に代表される人間の叡智が多くの世界の謎を白日の下に解き明かしてきました。

しかし、よく目を凝らし、耳をすませば、「賽の目」が支配するような「わからない世界」は、あなたのすぐ横に大きな口を開けて広がっています。それはたとえば、突然の地震だったり、交通事故だったり、宝くじが当たるようなことだったりします。また、そんな突発的な事象だけでなく、たとえば最近話題になった「新型コロナワクチンの安全性」のような問題の奥にも、実は「わからない世界」が潜んでいます。どんなワクチン、どんな薬であっても、その有効性や副作用（副反応）は、患者の年齢、性別、既往歴、遺伝子型や生活環境といったものに左右されます。だから特定の条件が揃った人に強い副作用（副反応）が出てしまうようなことも、残念ながら一定の確率で起こってしまいます。つまり安全か危険かという二分法で考えられるものではなく、Aさんには安全でもBさんには危険ということが起こり得るのです。そして誰にとって危険なのかということは、多少予測できる部分はあったとしても、煎じ詰めれば「賽の目」に依存しており、正確には誰にもわかりません。またたとえば、どんな会社に就職したらいいのか、誰と結婚したら私は幸せになれるのか、といった人生の大きな選択もそうでしょう。何を選べば「正解」なのか、先のことを完全に予測することなど誰にもできません。何かを真剣に考えていくと、そこにはいつも「わからない世界」が、私たちの目の前に姿を現します。

できればこの不安の根源となる「わからない世界」には、お引き取り願いたいものです。この先に何が起こるか、どんなリスクがあるのかきちんとわかれば、ずいぶんと私たちの選択は容易になることでしょう。科学がいつの日かこの世のすべてを解き明かしてくれる、そう信じたい気持ちもあります。でも、恐らくそんな日は来ないし、それをただ待ち続けるような心の在り様も何か少し違うのではないか、私はそう思うのです。

科学の力も及ばない、白河法皇でも思い通りにならない「わからない世界」。それがこの世界の本当の姿なら、私たちはそれと向き合わないといけない。それに挑まなければならない。もちろん宝くじに当たる方法は見つからないし、就職したら上司がパワハラ、そんなことが起こるかもしれません。先のことは本当にわからない。でもその見えない闇のようなものと向き合うことに、生きていく意味が、本当はあるのかもしれない。そんなことも思うのです。

この「わからない世界」の中で、自分というものを十分に発露し、出来る限り自分を偽らず、生き生きとした人生を、未来ある若い人たちに送ってもらいたい。そして、それができる日本でずっとあって欲しい。この本はそんな願いを込めて書いたものです。

第一部

空に吸はれし十五の心

「バンジージャンプ」が飛べない君へ

テレビのバラエティー番組等でも時々見るバンジージャンプは、オーストラリア東方の南太平洋に浮かぶ国、バヌアツのペンテコスト島で行われるナゴールと呼ばれる通過儀礼（成人になるための儀式）が起源と言われています。バンジージャンプには伸縮性のあるゴムが使われますが、ナゴールではヤムイモのつるを足に巻きつけ、高さ数十メートルにもなるやぐらの上から飛び降りるので、その衝撃はバンジージャンプの比ではないそうです。この儀式の重要な点は、参加者はただやぐらから飛び降りるだけでなく、自分が使うヤムイモのつるを、その長さや強度なども含めて自分で決めることになっていることです。つるが長過ぎたり、弱かったりすれば、地面に激突することになります。実際けが人が出ることも珍しくなく、時には死に至ることもあるそうです。アトラクションと化している現代のバンジージャンプでは、安全性は基本的に事業者が担保し、飛ぶ側は誓約書を書いてお金を払うだけです。しかし、ナゴールは単なるやんちゃな度胸試しではなく、まさに命がけであり、自分の命を自分で守るという責任が負わされています。だからこそ、それができることが大人の証、つまり通過儀礼とされるのです。

こういった通過儀礼は世界各国にあり、たとえばアフリカのマサイ族では、かつてライオンを投げやりで仕留めることが成人になるための通過儀礼として課されていたそうです。サバンナに一人で出かけて百獣の王であるライオンを狙うのですから、逆に命を落とすことも当然時には起こります。近年ではライオンの個体数の減少からこの儀礼は禁止されたそうですが、これも正真正銘の命がけです。しかし、この通過儀礼を成し遂げることで、一人前の男として認められ、大人の仲間入りができたのです。

こういった命がけの通過儀礼は、現代の我々から見れば理解できない野蛮な風習のようにも映ります。いくら通過儀礼と言っても死んでしまっては元も子もない。物には程度というものがあり、そんな過酷な試練は課すべきではない。確かにその通りでしょう。しかし、ではどうしてそんな儀式が世界各地にあるのか？　現代の自分たちの常識で「野蛮な風習」と簡単に切り捨ててしまうのではなく、そのことの意味をもう少し考えてみる価値があるのではないか、私はそう思うのです。

ゼロにならないリスク

こういった通過儀礼に共通していることは、恐怖心に打ち勝つ、そして困難なことをやり遂げる、この2点です。お恥ずかしい話ですが、私は結構、臆病な方です。飛行機に乗る時などは、毎回、離陸の際に墜落したらどうしようなどと考えてしまいます。国際航空運送協会（ＩＡＴＡ）が２０１９年に発表したデータでは、飛行機の事故発生確率は１００万フライトあたり１・13回とのことです。単純に計算すれば、たとえば毎日飛行機で職場まで往復したとしても、事故にあう確率は１２００年に１回程度になります。『枕草子』を書いた清少納言が「けふも、ひこふき、いとをかし」とでも言いながら、平安時代からいままで毎日飛行機に乗り続けていたら、１回くらいは事故にあっているかもしれない。そんなレベルの話です。

しかし、です。厳密に考えれば、清少納言が初めて飛行機に乗った時に事故にあってしまう確率もゼロではない。それもまた事実です。そして言うまでもなく、それは清少納言だけでなく誰が飛行機に乗っても同じであり、つまり臆病な私の心配にもまったく根拠がないとは言い切れないのです。

実は私たちの周りには多くの小さなリスクが無数に存在しています。新型コロナウイルスのパンデミックで、バスや電車のつり革やドアノブなどを触ることのリスクが指摘され、アルコールで手を消毒することも日常の光景となりました。しかし、以前から潔癖症と呼ばれる人々はそういった「ばい菌」が周囲にいることに敏感で、バスや電車のつり革を触るなんてとんでもない、と感じていたのです。潔癖症の人たちは、ややもすれば〝病的〟などと形容されますが、決してその主張に根拠がない訳ではなく、コロナ禍は実際に一定のリスクが存在していることを顕在化させました。車に乗れば、あるいは普通に町を歩いていても交通事故にあうリスクがあり、山に行けば遭難の、また海に行けば溺れてしまうリスクが実際にあります。科学がこの世のすべてを解明している訳でもないのですから、地球に宇宙人が来ていることも、お化けがいることも、先祖を供養しなければたたりがあることも、完全に否定できる訳ではありません。もちろん蓋然性の高いリスクから、普通はあり得ないようなリスクまで、確率を考えれば幅はありますが、ゼロにならないリスクはこの世に無限に存在している。そのことは厳然たる事実です。

何が「正解」なのか

幸いなことに、日頃私たちはそんなリスクのことをあまり意識していません。考え始めればリスクは無限にあるのですから、心の防衛機能として生まれながらに人はそのようにできているのかもしれません。しかし、意識しようとしまいとリスクはどこにでもあるのがこの世界の本当の姿であり、たとえば私たちが何か重要な選択をしなければならなくなった時、それは否応なく目の前に現れてきます。あまり想像したくないたとえ話にはなりますが、もし腎臓がんになったとして、腎臓全部を摘出するか、がんになった箇所を部分的に切除するか、という選択があったとしましょう。部分切除で済ませた場合は体への負担が少なくて済みますが、がんが残ってしまうリスクがあります。一方、全部摘出すれば、その意味ではより安全ですが、腎臓が一つになってしまうと、将来的に腎機能に障害が出て、人工透析生活になってしまうリスクが増大します。また、あるいはあなたが野球少年で、野球推薦で強豪校に入るか、普通に試験を受けて進学校に入るかという選択があったとしましょう。プロ野球選手を目指すのなら、強豪校に入って甲子園のような大きな大会に出場した方が良いことは間違いありません。しかし、プロ野球選手となって活躍できる人はエリート中のエリートで、多くの人は夢叶わず途中で脱落していきます。進学校に行って公務員にでもなれば、より安定した生活が保障されるでしょう。しかし、仕事が退屈でプロ野球選手になりたかったという自分の思いが人生を通じてずっと残ってしまうようなことにもなりかねません。

さてこんな場合、どのような選択をするのが「正解」なのでしょうか？　人生を大きく左右しかねない重い選択を目の前にすると、その選択に伴うリスクが誰でも気になります。なるべく失敗のない良い選択ができるようにと情報を集め、選択肢のリスクとベネフィットを正確に把握しようと多くの人が努めることでしょうし、実際それは大切で必要なことです。しかし、ベストな選択は何か、それを一生懸命考え、調べていけばいくほど、それまで見えなかったリスクが見えてきたり、結論が真逆になっている情報があることに気づいたりして、何が正しいのか、どうしていいかわからなくなる。「ベストの選択がしたい」、「リスクのない選択をしたい」という思いが強すぎると、足がすくんで、何も選べなくなってしまう。

学校の勉強であれば、より詳しく調べていけばいつかは正解にたどり着く、それが普通かもしれません。しかし、現実の世界を生きていくということは、実はそんなものではない。どんな選択をしてもそれに伴うリスクが必ず存在し、現実の問題の多くには、そもそも絶対正しい「正解」なんてない。でも、その中で私たちは何かを選んでいかなくてはならないのです。何が正解なのかわからない、自分の選択は間違いなのかもしれない。そんな恐怖に耐えて、自分の責任で何かを選んでいくのです。より良い選択をするための努力はとても大切です。でも、自分のやれる限りの準備をしたら、あとはもう〝飛ぶ〟しかない。それができなければ、大人になれない。一人の人間として、この世界と対峙（たいじ）して生きていくことができない。それを世界各国にある過酷な通過儀礼は教えてくれているのではないか、私はそう思うのです。

「自ら選ぶ」ということ

私は、アメリカの実業家であるジャック・ウェルチの「自ら選ばない者は、他人に支配される（Control your own destiny, or someone else will）」という言葉が好きです。リスクを強調して不安を煽り、そこに「救い」を提示するという手法は、人を支配すること、またそれを利用して無限の富を生み出すことに、古くからずっと使われ続けてきました。それは不安を生み出すリスクは程度の差こそあれ、実際にある。だから効果的なのです。

しかし、リスクを前にして立ちすくみ、何かを選ぶことから逃げ続けていると、誰かに支配されてしまう。ジャック・ウェルチの言はそう教えてくれています。それは自らの力でこの世界と対峙することから逃げている行為だからです。絶対に正しい選択など、誰にもできない。私たちにできることは、ベストの選択をすることではなく、自分の選択をベストにするように生きていくことだけです。その覚悟こそが「自分の人生を自分のものにする」ということなのだと、私は思っています。

「魔法」の使い方

学生と他愛もない話をしていた時、ちょっと個性的なことで知られる一人が、突然「先生は、この世に魔法があると思いますか？」という素っ頓狂なことを言い出した。その場に一緒にいたまじめな女学生は即座に「私はないと思います」とぴしゃりと答えました。確かに、そうなんだが……。困った私は、もじゃもじゃと「う〜ん。魔法のようなものなら、あるかもしれないけど……」と答えましたが、今、思い返しても要領を得ない返答です。

映画や物語などで、呪文を唱えれば、あっという間に願いを叶えてくれる魔法を見て、こんな魔法を自分も使えたらと子供心に思ったことは、誰でも一度や二度くらいはあると思います。しかし、そんな「なんとか、かんとか、パトローナム」とさえ唱えれば望みが叶うような魔法は、物語の中だけの話、現実には魔法なんてある訳ない、それはそうなのです。だから、魔法はあるか？　と問われれば、「ある」とは言えないけれど、

1＋1が2にならないようなことを「魔法」と呼ぶのなら、「魔法」はこの世に存在すると、私は思っています。

魔法のような出来事

私は、今こうして本を書いたりしていますが、自分の本が本屋に並んでいるのを見ると、少し不思議な気持ちになります。小学校、中学校、高校とたくさんの作文を書かされましたが、先生に褒められたことなどただの一度もなく、実際文章を書くことはどちらかと言えば苦手な方でした。それが大学生になって、たぶんそれも大学院生になった頃だと思いますが、急に文章を書くことが好きになったのです。自分の心情のようなものを形にしたい、それもより洗練されたものとして文章にしたいというような情熱を持つようになり、文章を書いては消し、また書いては消し、のようなことを繰り返すようになりました。どうしたら書きかけの文章をより良くできるのか、といったことが四六時中頭にあり、その作業に熱中することに何とも言えない充実感をおぼえるようになったのです。そしてそのうち、いつか自分のエッセイを本にできたら、という夢を持つようになっていました。25～26歳頃の話です。

しかし、普通の大学院生にとって、本屋に並ぶような本を書くなんて、どうしたら叶うのか皆目見当がつきませんし、夢のまた夢で何か具体的に踏み出すこともしませんでしたが、その小さな夢のことはいつも心の片隅に留めていました。それで40代も後半になった2012年の夏だったでしょうか。一念発起して本の原稿を書いてみようと思い立ちました。原稿を書く前に、自分の力で一体どれくらい本を売ることができるのか試算してみました。すでに大学教員になっていましたが、世間的にはまったくの無名ですし、そんな誰も知らない人の書いた本を買う物好きはそうそういないでしょう。一族郎党に配ったり、大学の講義などで本を使うとしても、恐らく10年で1000冊くらいが関の山というのが、その試算の結論でした。では10年で1000冊しか売れないような本を出版してくれる所があるのか？　これが問題です。物の道理、つまり1＋1は2、というような思考で考えれば、それはどう考えても無謀な話でした。

自分が夢見ていた「本屋に並ぶ本」にはなりませんが、自費出版でもするしかないか？　そんなことを思いながら、でも自分の中に溜まっていたものを吐き出すように、熱に浮かされたように、とりあえず原稿を書いてみました。書きたいことはすでにまとまっていたので、1カ月半くらいで草稿は出来上がりましたが、危惧していた通りそれを読んでくれる出版社が見つかりません。細いつてを頼って新書を何冊も書いている人に連絡をとることができましたが、「世に本を出したい人なんてごまんといるから、出版社の方から声がかかるようにならないと無理だよ。時間の無駄」と、一文字も原稿を読まずに言い捨てられる始末でした。もうお蔵入りか、自費出版かと半分諦めかけていた矢先、いくつかの幸運と友人の助けがあって、大手出版社の編集長に原稿を読んでもらえるチャンスを得ました。返事がもらえるまで半年以上はかかりましたが、新書として本を出してもらえることになったのです。無名新人の持ち込み原稿がメジャーレーベルで出版してもらえるなんて、僥倖（ぎょうこう）としか言いようがなく、すぐには自分でも信じられないことでした。本当に魔法でも使ったような気分でした。

　この時、私が使った「魔法」とは、小さな夢を持ち続けたこと、自分の中にある情熱のようなものに忠実に従ったこと、そして「自分の書いたものは面白い。読む人が読めばわかってもらえる」という根拠のない自信を自分に信じ込ませていたこと、そういった諸々のことだと思っています。そういったものが、「1000冊しか売れない新書を出す出版社はない」という〝道理〟を越えて、何か魔法を使ったかのようなことを現実に起こしてくれました。自分がそう願い行動しなかったら、この世界に起こらなかったはずのことが、現実の世界に姿を現したのです。

夢を見ることは、得てして地に足がついてないように映り、脳内お花畑、とか、夢見がちの不思議ちゃんとか、最近それを揶揄する風潮が強いように感じます。でも、地に足をつけるということが、1＋1が2になって喜ぶことを指すのなら、それは何とつまらないことでしょう。また、自分の力を把握するということが、自分の限界を決めることを意味するのなら、それは常に有益な作業とは言えません。なぜなら生き物の最大の特徴の一つは成長することにあり、自分の限界だと思っていることを超えていくこと、1＋1が3にも4にもなることが、人間の世界では実際に起こり得るのです。今の自分には届かないようなことであっても、それを夢見つづけることで、いつかそこにたどり着く。それは、それに向けた情熱や努力があれば、必ずとは言えませんが、少なくない確率で、人生で起こっていくのです。そう、夢見る力こそが、人が使える「魔法」、より正確に言えば、いつも成功するとは限らない「魔法のようなもの」なのです。

「どうにもならないもの」

ディズニーの「ライオン・キング」に、主人公である子ライオンのシンバが、失意の中、ミーアキャットのティモンとイボイノシシのプンバァに助けられ、ジャングルの中でつつましくも楽しく暮らしていく場面があります。自分のせいで父親が亡くなったと思って絶望しているシンバは、陽気なティモンとプンバァが歌う「ハクナ・マタタ（心配ないさ）」に勇気づけられ、王子としてではなく、ジャングルに生きる1匹の動物として暮らしていきます。しかし、ある日、水面（みなも）に映った自分の姿を見て、再びライオンとして、王として生きる道を選んでいくというストーリーです。初めてこの映画を見た時、私はこのストーリーに大いに違和感を持ちました。何もライオンとして生きていくのが偉いわけでなく、ティモンとプンバァと共につつましくも楽しく暮らしていって一体何が悪いのだ、とそう思いました。実際、この物語を世襲制の絶対王政を賛美していると批判する人たちもいます。

しかし、今思うのは、シンバは勇気をもって再び立ち上がった方がやっぱり良かったということです。それは王が偉いとか、イボイノシシは臭いとか、そういうことではありません。一番大切なことは、シンバが本当にやりたいことは何だったのか、という点なのです。青年になったシンバのたくましい体と鋭い爪で、昆虫や植物を食べる生活は、本当に心の充実感を得られたものだったでしょうか？　いくら日常的に楽しく暮らしていけたとしても、ここは自分の居場所ではない、そう感じることはなかったのでしょうか？　王になるというのはあくまでメタファなのです。

別のたとえで言えば、もしあなたが何かの植物の種子だとしたら、その中には、たとえばイネになっていくような、あるいはハクサイになっていくような遺伝子が、別の言葉で言うなら可能性が、秘められています。もしハクサイの種を水田に植えたとしても、イネにはなりません。もちろん水の中ではハクサイとしても育っていきませんが、その種子の中にはハクサイになりたい、というような内的な欲求と言えばよいのか、可能性と言えばよいのかわかりませんが、何かそういう〝どうにもならないもの〟が備わっているのです。肉食動物は、やはり肉が食べたいのです。なぜ昆虫食ではいけないのか、と問うてみても、それはあまり意味がありません。そういう〝どうにもならないもの〟が、すべての生き物の中に、そしてすべての人の中には秘められており、それは何かを好きになったり、何かに情熱を持てたり、そういった形で発露してくるのではないか、私はそう思うのです。

純粋な情熱

夢を見ることとは、そういった〝どうにもならないもの〟と、少しつながっているように思います。何かに憧れたり、何かを好きになったり、それは誰に頼まれた訳でもなく、自分の中に湧き上がってくる感情です。大谷翔平選手はどうして野球をやりたいと思うようになったのか？　藤井聡太棋士はどうして将棋を始めたのでしょう？　そんなスーパーマンのような人たちのことを考えてみても、自分とは無関係に思えるかもしれませんが、彼らもそういう自分の中にある純粋な情熱に基づいて行動を始め、「野球をもっとうまくなりたい」、「将棋をもっと強くなりたい」その思いを大切にして、今も努力を続けているように思えます。そういった情熱に従うことや、夢を持つことは、自分に少し負荷をかけることです。筋トレをすれば少しずつ筋肉がついていくように、その負荷と向き合うことで少しずつ自分が成長していきます。

あのＭＬＢで投打とも超一流の活躍をする二刀流など、誰が可能だと思ったでしょうか？　ＭＬＢでは無名だった、かつての大谷選手を考えれば、それは地に足のついていない脳内お花畑のようなおとぎ話に映ったはずです。大谷選手がそれをできると信じて努力しなければこの世に現れるはずがなかったことが起こり、今では「大谷ルール」と呼ばれる新しいルールがＭＬＢに導入されました。彼の夢が、世界の形を変えたのです。

夢見る力は世界を変えていく「魔法」です。誰かが夢見なければ、この世に現れなかったものが、夢見たことで現れる。そこには呪文こそありませんが、それは魔法の定義そのものです。だから世界各地にあるたくさんの童話やファンタジーは、子供たちが夢を見られるように、「魔法」を使えるように、その大切さを心に刻むように、多くの魅力的な物語を紡いでいるのです。夢見ることは、決して恥ずかしいことではありません。

恥ずべきことがあるとするなら、それはその実現に向けての努力を怠っていることだけなのです。

評価の憂鬱

私は九州の福岡県で生まれました、だから当然ラーメン好きです。小さな頃から、外食で何を食べたいかと問われれば、迷わず「ラーメン」と答え、「おまえは安上がりでいいね」と両親から喜ばれていたものでした。そんな子供の頃から食べ続けたラーメンですが、最近は状況が変わってきてやや辟易（へきえき）しているところがあります。それは、ちょっと有名なラーメン店になるとすごい行列に並ぶことが当たり前になっていることです。こういう言い方もラーメン屋さんに失礼なのでしょうが、九州育ちとしては「ラーメンって並ばないと食べられないものだったけ？」という感じです。

この状況を作り出しているのは、いわゆるグルメサイトと呼ばれるネット情報の影響ではないかと思っています。こういったサイトを見ると全国のラーメン屋がなべて点数化されており、地域に絞って表示することもできるので、評判の良いラーメン屋を見つけるのにはとても便利です。誰だって3・6点のラーメン屋と3・0点のラーメン屋を比べれば、３・６点の店で食べてみたいと思うのが人情でしょうし、３・８点くらいのラーメン屋なら、ちょっと遠出してでも行ってみたいと思うのがラーメン好きの性(さが)です。しかし、その結果が例の行列となってしまうのです。

以前であれば、近所のラーメン屋だったり、よく行く場所の近くにあるからといった程度の理由で、行きつけのラーメン屋が決まっていたように思います。よほどの評判店とか老舗店は別にしても、少し自分の行動範囲から外れれば、どんなラーメン屋なのかさっぱりわかりません。だからわざわざ行こうなんてことは思いもしなかったし、お客が分散していたのです。わかりやすい指標でランク付けされた情報に簡単にアクセスできれば、評判の良い店はどんどん人が集まり繁盛していくし、評価の低いお店は閑古鳥が鳴く状況になる。それはある意味、「淘汰(とうた)」が働いている姿であり、「健全」なことだと考える人もいるかもしれません。

「正しい」評価とは何か

しかし、その「健全さ」とは、単純な数値に置き換えられた評価が本当に「正しい」

ということが前提であることは言うまでもありません。実際ラーメン屋に行ってみればわかりますが、確かに3・5点を超えているようなお店はつぶが揃っている印象がありますそろ。ただ、3・0点くらいしかついていないお店のラーメンがとても美味しかったとか、3・8点でもなんかちょっと違うなぁとか、そんな経験をしているのは私一人ではないはずです。また、豚骨ラーメンと味噌ラーメンが同じ3・6点と評価されていても、味噌ラーメン好きは豚骨ラーメンを、豚骨派は味噌ラーメンを、それほど美味しいと思えなくても何の不思議もありません。

さらに言えば、こういった指標は多くの人が平均的に美味しいと思うという視点から成り立っているため、先鋭化したものを評価できないような欠点があります。たとえば博多ラーメンには麺の硬さという重要な指標があり、これを食べ続けた人ほど柔らかいのびた細麺が許せない、いかに硬い麺を食べるかこそが愛の深さ、みたいな倒錯した現象が発生します。一般的にはかためん、バリカタ、ハリガネ、粉おとし、といった順で麺が固くなっていくのですが、一部のお店ではこれらを越える、湯気通し、といった麺が提供されており、さらに「生麺」という硬さの麺が食べられるお店もあります。実際、食してみると、それはもう硬いと言うより「これ、茹でてないです」という当たり前の感想しか出てこないものです。残念ながら私にはその良さが十分にはわかりませんでしたが、そういった「生麺」を食すような人は、博多ラーメンを食べ続けて、ついに辿り着いた境地とでも言えるもので、一般人にその良さがわからなくともクオリティーが低いわけではないのです。ある種の先鋭芸術（？）のようなものです。

そうやって考えて行くと、そもそも美味しい、美味しくない、といった主観中の主観とも言える感覚を、万人を納得させる形で点数化することなど本当に可能なのだろうかという気がしてきます。実際、この世には「3・6点のラーメン」などという概念化されたラーメンは存在しません。それは、たとえば博多のなにがしというお店の豚骨ラーメンであり、あるいは札幌のなにがしというお店の味噌ラーメンです。いずれも個性ある店主が、うまいラーメンを、と思い作り上げてきたものです。それをわかりやすいと言えばわかりやすいですが、3・6点とか、3・5点といった単純化した一つの指標で評価して世間に公表してしまうことは、とても暴力的な行為で、お店の尊厳を踏みにじっていると言われても仕方がないようにも思います。しかし、それはとてもわかりやすいのです。

切り刻まれる「人間の価値」

世界は本来、とても複雑なものです。ただ、複雑なものを複雑なまま、その全体を正確に「把握する」ことは、人間にはとても難しいことです。「把握」できないものは、感じるがままに「味わう」ことが本当は望ましいのでしょう。自然の風景をただボーッと眺めていたり、あの人の感じは何となく好きだなぁ、とか、この絵はなんか惹かれるなぁ、とか。それを無理に言語化したり分析したりすることも、本来特に必要のないことなのだと思います。ただ、違ったものを比較しなければならなかったり、順位付けしようとすると、ただ「いいなぁ」では済まなくなってしまいます。

その典型が受験です。名門と呼ばれる学校には定員があり、そこへの入学希望者が多ければ、何らかの選抜をしないと入学者を決められないことになります。入学させるべき学生の、人としての「全体」を評価することはできないので、入学試験を行うのです。そこで測られるのは論理的な思考力や記憶力が主なもので、それが点数化されていくことになります。言うまでもなく、それは極めて一面的な評価です。受験生の中にはスポーツができる人や音楽や美術に秀でている人、あるいはグループでリーダーになれる人や他人に思いやりを持って接することができる人など、違う観点から見れば優れた学生がいることでしょう。近年では、そういった学力以外の指標を入れた入試が増えてきているのも事実ですが、評価の基準が不明瞭で公平性を担保しにくいという欠点を持っています。明確な点数が出てくる学力試験はある種、公正で、わかりやすいのです。

科学論文などでよく使われるdissectという英語の動詞があります。この言葉はラテン語のdis+secare（切り刻む）が語源となっていて、複雑な現象を「解析する」というような意味で使われます。そのままでは理解できない複雑な実体を、科学という人間が理解可能な因果性の中に取り込むために、その対象を切り刻み、単純化されたものを解析するという西洋的な思想がよく表れている言葉だと思います。それは「感じるがままに味わう」といった個人の感覚に依存した曖昧な評価ではなく、全体を切り刻み、根拠のある客観的なデータに置き換えられる形まで単純化して、論理化していく作業です。

ラーメン屋も麺、スープ、チャーシュー、店の雰囲気や接客などの項目に分けて各要素を点数化すれば、全体として客観性のある点数で評価できるようになるという考え方です。

今の日本社会では生身の人間の価値をdissectして、何かの尺度で単純化して評価することこそが進歩的で、古い因習を打破するために必要とする論が跳梁跋扈しています。人を順位付けし、負けたくないのなら少しでも上を目指せ、評価されないやつは役立たずだ、というようなメッセージが世に溢れています。そういった評価をぶら下げた競争が、ある種の進歩や発展を加速している側面があるのは確かだとは思いますが、その根拠となっている評価基準を絶対視して良いのかと言えば、それは明らかに、否、です。

少し前にある政治家が「ＬＧＢＴは生産性がない」という発言をして批判を浴びましたが、結婚というものを要素に分解し、子孫を残すという項目で評価するなら、ＬＧＢＴはそう評価されることになるのでしょう。しかし、誰かが人としてこの世界で幸福に生きていくための選択を、そんなたった一つの狭量な尺度で切り捨てて良いはずもありません。人間を測る尺度は、実際には無限のものがあり、試験の点数も、ノルマの達成度も、学歴も、家柄も、社会的地位も、無数にある指標の一つに過ぎません。人間のような複雑な存在を単純な数字として指標化することなどできないことですし、本来すべきことでもないのでしょう。

不毛なゲームと向き合う

しかし、こういった理念的な正しさ、まっとうさは理解した上で、では点数化なしでいったい誰を合格させれば、誰を採用すればいいのでしょう？　複雑な対象を客観データ以外のもので選抜する際に、この世で一番多く用いられるのが、いわゆる権力者や有力者あるいは専門家と言われるような人たちの主観的な判断です。こういった誰にも確かにわからないものを「総合的に評価」できる権利こそが権力の源泉の一つです。だからいつの世でも、権力者や有力者にすり寄っておくことは、何かの際に自分の評価を上げるための、卑しいが有力な手段で、それはしばしば不正や腐敗の温床となっています。

近年増えているAO入試の類であれば、提出された選考書類の点数化と複数の教員による主観的な判断の総和のような形で合格者が決まることが多いように思いますが、主観的な要素を入れた入試がより一般化されれば、必ずそれを利用しようとする人たちが現れることになるでしょう。受験戦争が厳しい韓国では、政治家がAO入試を使って自分の子供を有名大学に不正に入学させた疑惑が以前に報道されましたが、我が国でも私立大学では、政治家や金持ちの子弟が系列の幼稚園から入ってくる有名校があることは良く知られた事実です。「総合的な評価」という根拠の定かでない事由が正当化されれば、力を持った人たちがそれを利用できるようになり、不正が起こってしまう。それは歴史に鑑(かんが)みても、世界中のどんな社会を見ても、避けようのない事態のように思われます。権力は必ず腐敗するのです。

ゆえに、そのような「主観」による選択を避け、ある種の透明性と公正さを持って、「人を選抜する」という難題と向き合うためには、やはり何かの客観的な数字に基づいて人間に順位をつけなければならなくなります。ラーメンの順位付けだって難しいのですから、人につける順位は誰もが納得できるものになることなど永遠にないでしょう。しかし、それはある種の必要悪と考えるしかありません。だから「俺たちはラーメンじゃない！」という叫びは至極まっとうなものですが、その不毛性や不条理さを拒否することが、より良い世界につながるかと言えば、残念ながらそれも疑わしいのです。

たとえそれが「不毛なゲーム」だったとしても、誰もがゲームに参加できて自分の努力でスコアを上げることができる制度があるということは、やはり大切なことです。また、そうやって何かの目標に対してきちんと努力して取り組める姿勢というのは、人の評価として実際重要な指標の一つです。その姿勢は何かを作り上げたり、発展させていく時に必要不可欠なものだからです。そこに手段があるのに、批判だけして、努力をしないことは、生きる姿勢としてやはりなにか間違っていると言わざるを得ません。

人が人を評価する、人が人を選抜する。本来、そんなことはできないのでしょう。しかし、それが必要な場面はこの世に避けがたく存在しており、この矛盾はどうにもなりません。ただ一方で、私はこんなことも思うのです。もし人の評価に絶対的に正しいものがあったとして、それで何かを判断される世界とは果たしてどんなものになるでしょうか？　「絶対的に正しい」評価ですから、それで低く評価されれば、あなたはもう人間として絶対的に劣っていることの宣告になります。すべての人が「正しく」順位付けされ、その評価で負けたら、上位の人にはもう絶対、頭が上がらない。それは「ちゃんと評価してくれ！」と不満を言っている社会より、ずいぶんと辛い話です。だからそんな「絶対正しい」評価基準などこの世に存在しない方がいい、私はそう思うのです。詭弁のように聞こえるかもしれませんが、「不毛なゲーム」、「このガリ勉野郎」と言っていられる世の方が、たぶん良い世界……納得するのは少し難しいですが。

「嘘」の魔力

学生の時に将棋を指していましたが、アマチュア強豪には歯に衣着せぬ物言いをする人をしばしば見かけました。私が所属した大学の将棋部でも、一般の会話では聞いたことがないような辛辣な言葉が飛び交っていて、私もたびたびそういった辛辣な罵倒の対象となり、悔しい思いをしなかったと言えば嘘になりますが、私はそんな将棋指したちのことが、結構好きです。

将棋の世界は「優しい嘘」が通用しない、というか、有意義に機能しない場所です。詰みがある局面では、誰がどう言ってもそれは詰んでいるのであり、それを読めなかった人は弱いのです。それ以上でもそれ以下でもない。将棋に勝った人が負けた人に向かって「指そうと思ったら、隣のコマに指が当たって動いて、それがたまたま好手になりました」とか、「全部、良い手を指されたのに、私の勝ちになっていて、一体どうなってるんでしょうね」とか、歯の浮くようなことを言ってみても、嘘がバレバレで軽蔑されるだけです。たとえいくら辛くとも、本当のことを言わなければ、負けた原因がわからず、相手も自分も将棋が強くならない。だから将棋指しは知らず知らずのうちに、本当のことを言ってしまう癖がついています。

しかし、そういった将棋指しの習い癖は、〝外の世界〟に出ると一定の頻度で問題を引き起こします。それは私の人生において時に起こってきたことであり、一部の将棋部の先輩後輩諸氏を見ていても容易に想像できることです。本当のことを言い過ぎると、ある種の社会不適応者という烙印を押されてしまうのです。それは、この世には本当のことを言われると困る人が結構たくさんいるし、一面的な「本当」を主張するだけでは解決しない問題も、現実にはとても多く存在しているからです。

世に溢れる「本当でないこと」

中国の有名な故事成語に「鹿を指して馬と為す」という言葉があります。これは秦の始皇帝亡き後、権勢を誇った宦官の趙高に関する逸話です。趙高は幼き二世皇帝の胡亥を傀儡にして帝国の実権を握っていましたが、ある時胡亥に「珍しい馬がおります」とは「いいえ、これは鹿ではないか」と問うと、趙高は「いいえ、これは珍しい馬でございます。皆はどう思うか？」と周囲の家臣に尋ねました。これは群臣の自分への忠誠心を試すために行った趙高の策略で、鹿だと答えた家臣は、軒並み捕らえられて処刑されたそうです。一説には、これが馬鹿の語源となったとも言われており[*注1]、鹿を馬というのはバカなことというふうにも、そんな状況がバカげているというふうにも解釈できる話です。

現代ではさすがに処刑されることはないですが、本当のことを言うことで、自分が属する組織が困ったことになったり、関連する人との人間関係が悪くなったり、あるいは自分の評価が下がったりというような状況は、古今東西ごくごく普通に発生します。だから、多くの人がそのバカな状況をどうにかこうにかやり過ごしています。言う必要のない本当のことは黙っていたり、わからないとか、知らないことにしたり、あるいは開き直って嘘を言うこともあるでしょう。ある国の総理大臣は国会で118回も嘘の答弁を行い、その理由を「秘書が本当のことを知らせなかったから」と説明しました。私はこの総理大臣が少なくとも119回の嘘をついたのではないかと思いますが、本当のことが言えない、もしくはとても言いにくい状況というものは、このように現実に頻繁に起こります。

＊注1：馬鹿の語源には諸説あり、バカという音はサンスクリット語の「無知・愚か」を意味する「moha」に由来するという説が有力である。ただし、この語の漢字に、日本で馬鹿があてられるようになったのは、この「鹿を指して馬と為す」の故事に由来するとしている説もある。

そして優しい嘘

「嘘をついてはいけません」。物心ついた時から、私たちはそう教わり続けます。幼稚園でも、小学校でも、中学校でも、そして大人になっても。しかし、この世は「嘘」、少なくとも「本当でないこと」に満ち溢れています。その中には鹿を馬というような自分を守る嘘もあるでしょうが、必ずしもそういうものばかりでもありません。灰谷健次郎さんの『少女の器』という小説に、主人公の絣（かすり）と上野くんという少年のこんな会話が出てきますが、私はこのくだりをとても印象深く覚えています。

「その章子さんという人ははじめ、おまえのおやじが好きやってんやろ。結婚してもらわれへんので、よその男のとこへ行ったと。そやろ」

そういう復習の仕方に絣はとまどったが、一応、

「そう」

とこたえておく。

「そうしたけど、うじうじするから、よう考えたら、やっぱりおまえのおやじが好きやったというわけや。なんとかならへんかというてしっぽ巻いて帰ってくる人間にカッコええのがおるか。前と違う章子さんだったとおまえいうけど、そんなん当たり前や」

惚れた弱みというのをおまえ知らへんからなあ、と少年はいった。

「頭のええ人間ちゅうのはやっぱり冷たいワ。ドブに落ちた犬見て、あの犬汚い、汚い、いうたら犬かて立つ瀬ないワ。おまえ、なんで、おれを睨むねん」

絣は唇をかんでいる。

世の中には、それが本当であっても言わなくていいこと、本当のことを言うことで事態が良くならないこと、そんなこともたくさんあります。「優しい嘘」が人としての生きる知恵であり、必要悪として存在していることは紛れもない事実です。そこで「いや、だってあの犬、汚いやんか」と言ってしまうのが、将棋指しだったりするのですが、「優しい嘘」というものが、本当に悪いことなのか、どこまでが許されるのか、私にはよくわかりません。

　将棋の世界で「優しい嘘」が有効に機能しないのは、結果が短期間に出る、良し悪(あ)しが明白な世界だからだと思います。勝ちに導く手が好手で、負けにしてしまう手は悪手です。しかし、現実の世界はそんな単純にはできていない。ドブに落ちて泥にまみれる経験をすることが、その後の人生の成功につながっていくようなことはよくある話です。ドブに落ちたら負け、ではないのです。だから、ドブに落ちたことを責め立てるより、その傷を癒し、心も体も回復させていく「優しい嘘」の方が長期的な、好手、となることだってあるのです。

　また、嘘はいけないと言っても、鹿を鹿と言えば首をはねられることがわかっている状況で〝鹿！〟と言うのは、実際鹿鹿なことではないのかと、思わぬこともありません。映画やドラマであれば、そういう鹿鹿な正直者を助けてくれるヒーローが出てきたり、その人がヒーローに変身できたりするものですが、現実にはそんなことは起こりません。物言えば唇寒し秋の風とは、蓋し名言です。

そのはざまで上を向く

では一体、なぜ私たちは嘘をつくことがいけないと教わり続けているのでしょうか？その本当の問題は、安易に嘘をつく生き方、その生きる姿勢にあるのではないかと、私は思います。生きていると、いろんな苦しいことがやってきます。志望校に入るために勉強することや試合に勝つためのスポーツの練習もそうでしょう。与えられたノルマをこなすことや、何かの仕事を成し遂げることなど、苦しい思いをしなければ達成できないことが多くあります。もちろん中には、そうやって頑張ってみても越えられない困難もあるでしょう。結果が失敗に終わること自体は決して悪いことだと思いませんが、私がここで問題にしているのは、そういった困難や苦しさと真剣に向き合わず、安易に逃げてしまうことです。それは心理的な癖のようなものになり、人として成長するための大切な基盤を蝕んでいきます。

嘘をつくという行為は、そういう困難や苦しさから逃げてしまうことと根が同じだと思います。嘘をつけば、目の前の問題がとりあえずその場では解決します。でもそんなやり方が当たり前になってしまうと、人はいざという時に頑張れなくなってしまう。いつも何かを誤魔化して生きることに慣れてしまうのです。そういった精神の在り方が、その人の人生全体を何か偽物にしてしまう。嘘にはそういう魔力があり、そこに堕してしまうことを戒めるために、聖書も、コーランも、先生も、親も、口をそろえて「嘘をついてはいけない」と言うのです。

嘘や不善とまったく無縁のヒーローのように常に格好よく生きることは、生身の人間にはなかなか難しいことです。でも、「は〜い、趙高さま、それは馬でございます」と魂を売ったような生き方をするのも、やっぱり違う。私たちはそのはざまで、ちょっと格好悪く、でも頑張って生きて行く。そんな生き方しか残されていないのではないか、そんなふうに思ったりもするのです。常に理想を追い求めていけば良いというほど世界は単純ではないけれど、それは理想を忘れてよいということとは、やはり違うのです。

だから、いつも鹿を鹿と言う必要はないのかもしれないけれど、もしたとえば、自分が馬の分類の専門家だったら……、そう、もしそうなら、やはり〝鹿！〟と言おうと思うのです。人生にはそういうことが必要なことはあるし、鹿鹿（ばか）になっても悔いがない、と思えるようなものを持てない人生は、なんだかつまらない。私は将棋指しの端くれとして、そう思うのです。

あなたの心の中心は?

「ホメオスタシス」は、アメリカの生理学者ウォルター・キャノンが1932年に出版した『The Wisdom of the Body（邦題：からだの知恵）』の中で初めて使われた言葉です。この言葉はラテン語に由来する彼の造語で、生物が自らの内部環境を一定の状態に保ちつづけようとする性質のことを指しています。日本語では恒常性と訳されています。たとえば恒温動物なら暑くなれば汗をかいてその気化熱で体温を下げ、また寒い環境になれば筋肉を震わせて熱を発生させるような性質のことです。ほかにも、ちょっとした傷なら放っておいても自然治癒することなどもホメオスタシスの概念の中に入っています。

キャノンは、ホメオスタシスを提唱すると同時に、文明社会になって人間はむしろ環境の方を調節、つまり寒い時には暖房を入れ、暑い時には冷房などを使うようになり、この生物が本来持っているホメオスタシスという生理的な能力を低下させているのではないかと危惧しています。同書の中で彼は「毎日水風呂に入り、汗が出るまで働く人は、からだの機能のひじょうに大切な部分が、使わないことによって弱り退化することのないようにしているのだから、いつも「じょうぶ」でいることができるだろう」と述べています。

このホメオスタシスという生物学から生まれた考え方は、今ではより拡大した概念となっており、たとえば心理学においても使われることがあります。そこでは「今の生活や環境をなるべく維持しよう」というような心理を指しています。生物は環境に対して、ある種の〝慣れ〟を持ちやすいというふうに言い換えることができるのかもしれません。

負けるのが上手

こういった心理的なホメオスタシスに該当するのかどうかわかりませんが、印象的な思い出があります。私は大学の将棋の公式戦で一回だけ三味線（口三味線）を使われたことがあります。三味線というのは対局中に相手を惑わすために虚言を言うことで、町道場のガラの悪いおっさんなら、まあまあある話ですが、大学生同士の公式戦ではめったに見られません。それは相手の玉に詰みがありそうに思える終盤のことでした。一回受けに回っても勝ちだとは思ったのですが、詰み筋があるように思えて、私はそれを一生懸命読んでいました。しかし今一つはっきりしません。その時、相手が「あっ、詰んだ」と天を仰ぎながら言ったのです。すでに秒読みに入っており、秒を読まれて焦った私はやっぱり詰むんだと詰ましに行ったのですが、それが三味線で実際には詰みはなく、勝ちだった将棋を負けにしてしまいました。もちろん詰ましに行ったのは自分の判断で、自分が弱かったに過ぎないのですが、何とも後味が悪かったことは覚えています。

後日、三味線を弾いた対局相手の大学の部誌を読む機会があり、その彼も文章を書いていたのですが、それが強烈でした。最も印象に残ったのは「将棋が弱い連中は、負けるのが上手だ」というフレーズでした。彼はそれを皮肉で書いているのではなく、意図する所は、将棋の弱い部員は負けてもへらへら笑いながらそれを受け入れている。それが自分には理解できない。自分は負けると悔しくて悔しくて、感情を押さえられなくなる。そんなにうまく負けを受け入れられない、上手には負けられない、というような文章でした。それを読んだ時、彼はあの局面で負けないためにどうしたらいいのか、必死に手段を考えていたのだと思い至りました。それがマナー的にどうかという点はあるでしょうが、彼は負けることを必死に拒絶しようとしていたのです。

負け癖がつくという言葉がありますが、そういうことは確かにあり、将棋の強い人たちは物凄く負けず嫌いというエピソードはてんこ盛りにあります。たとえば谷川浩司(こうじ)十七世名人は子供の頃に5歳上の兄とよく将棋を指し、負けると駒を嚙(か)んで悔しがったという逸話が有名です。その嚙み方も半端ではなく駒に歯形がつくほどの強さで、ご本人の証言によれば、当時使っていた谷川家の将棋の駒のほとんどすべてに歯形がついていたとのことです。また現在、最強棋士の誉れ高い藤井聡太名人ですが、彼が小学生の時にその谷川十七世名人に指導対局を教わったことがあったそうです。小学生の藤井君が形勢不利の局面で、谷川十七世名人に「引き分けにしようか」と提案された瞬間、彼は将棋盤に覆いかぶさって大泣きしたそうです。藤井名人には、幼少期の頃、とにかく負けると泣いて悔しがったという話が多く、それも「四肢をバタバタさせて泣いていた」と言われています。

こういった「負ける」ことを自分の日常にしない、自分の恒常性の中に入れない、という強烈な意思が、彼らを将棋の名人にしていった一要素であったように思います。もちろん彼らとて負けることはあったはずですが、それは言わば、外が無茶苦茶暑いとか、寒いといった自分の恒常性の外、つまり負けることが自分にとって大きな刺激になるような内的ホメオスタシスを持っていたということではないかと思います。生理的なホメオスタシスは、たとえば体温が36℃台とか、ヒト[*注2]であれば概ね皆一緒ですが、心理的なものは個人によって大きく違っているのです。自分にとっての日常となる環境が過度なストレスにならないような心理パターンというか、ホメオスタシスのようなものが出来上がっていくのでしょう。だから、負けが多い人は「負けるのが上手」になっていくのです。

*注2：生物学では、生物種としての人間を表記する場合にはカタカナの「ヒト」を用いる慣習がある。

慣れてしまう心

人間はすぐに環境に慣れてしまう生き物です。平和な環境では、殺人は強い心理的抵抗がある重罪ですが、戦争に行けば敵兵を殺すことは日常になってしまいます。カルト宗教の信者なども、その人にとっての「正常」がいろんな面で常識から大きくズレたものになっているように思え、心理的なホメオスタシスが一般人と異なった状態になっているはずです。また、そんな極端な例でなくとも、たとえば嘘をつくことや、人前で肌を見せること、ルールを破ることといった、最初は心理的抵抗があることにも、人は慣れていきます。何が良くて、何が悪い、ということを簡単に判断することはできませんが、たとえば嘘をつくことを自分の恒常性の中に入れるようなことは避けるべきではないかと思うのです。前話でも書きましたが、「嘘も方便」というように生きていれば本当のことが言えない状況は起こり得ると思います。しかし、それは藤井名人にとって負けることが異常事態で「刺激」になるように、自分にとって嘘をつくことが「刺激」になるように、心の中心を持っていなければならないと思うのです。嘘をつくことに、心の痛みがなくなれば、それは何かがズレてしまっているのです（この世にはそれが完全にズレてしまっている人たちが、少数ですが、ごく普通に存在していることは、この世を生きていく上で、注意を払い、知っておかねばならない残念な事項の一つです）。

飽くなき発展を続ける生命の本質

心のホメオスタシスと言えば、人は幸せや喜びにもすぐに慣れてしまいます。よく考えてみれば、この世界で生を受け、さまざまなことを経験しながら生きているということは、いろんな幸運・能力・条件が揃わないと叶いません。ご飯を美味しく食べられる。手が動く。足が動く。目が見える。そんな当たり前に思えることも、もしその能力を失くすようなことがあれば、それがいかに自分に喜びを与えてくれていたのか理解することになるでしょう。自分を育ててくれた親、配偶者や子供がいて、そのみんなが健康でいてくれていること、また定職があること、それらを当たり前のように思っている人もいるでしょうが、失くした人からみれば、それは本当に羨ましいことです。そういった〝今、自分が持っているもの〟は、実は自分に喜びを与え続けてくれているのですが、私たちはいつの間にかそれを感じなくなってしまっています。

「何でもないようなことが、幸せだったと思う」という唄の歌詞がありますが、本当は当たり前のことの中に喜びはあります。自分自身のことを考えても、妻と結婚できたこと、子供を授かったこと、そういった心からの喜びに満ちた感情も、いつの間にか日常として慣れてしまっている自分を発見します。それは、本当はとても勿体ないことです。自分が持っていないものを嘆くのではなく、自分が持っているものでずっと幸せを感じることができたなら、それはなんと素晴らしいことでしょう。それだけで世界中の人々が幸せに暮らしていけるようになります。しかし、残念なことに人の心はそのようにできていない。その幸せな状態が、自分の恒常性の中心となり、「刺激」ではなく日常になってしまう。どうして、そんなふうに私たちの心はできているのでしょうか？

経験がないので自信を持って断言はできませんが、この世には人に多幸感を与え続けてくれるものがあります（あるそうです）。それを、麻薬、と呼びます。幸せを感じないより、感じる方が良いに決まっていますが、それをずっと感じ続けると、その状態から抜け出せなくなる。人にはそんな側面があるようにも思うのです。自分の現状が本当は幸せなものであっても、そこに永遠の幸福感を感じられないようになっているのは、そこから一歩を踏み出し、新しいことにチャレンジする心を人に与えるためではないかと思います。人は現状に満足しないことで成長していける。それはある意味、不幸なことかもしれませんが、それこそが飽くなき発展を続ける「生命」というものの本質であるようにも思うのです。

本人が気づいていようと気づかずとも、私たちの心は常に動いているものだと思います。何を感じ、何を感じなくなってしまっているのか、自分の心の中心が、今どこにあるのか。時々、立ち止まって考えることで何かに気づく。そんなこともあるのではないかと思います。

第二部

私たちの社会の行方

私たち人間からすれば驚くような話ですが、動物の中にはオスだったりメスだったりという性が環境によって変化するものがあります。たとえばアオウミガメの性は卵だった時の周囲の気温によって決まります。温度が高いとメスになり、温度が低いとオスになるという性質があるため、暖かいグレートバリアリーフのアオウミガメだとメスとオスの比率がなんと116対1だったと報告されています。また、ニモの名で親しまれているカクレクマノミは、基本的にはオスになるように生まれてきます。しかし、集団の中で一番大きな個体はメスになり、そのメスを中心とした数匹の集団で暮らします。その中心となるメスが死んだり、いなくなったりすると、その次に大きなオスが性転換してメスになっていくという、人間から見るとちょっと不思議なライフスタイルを持っているのです。

一方、我々ヒトは性が性染色体と呼ばれる特別な染色体により遺伝的に決定されてい

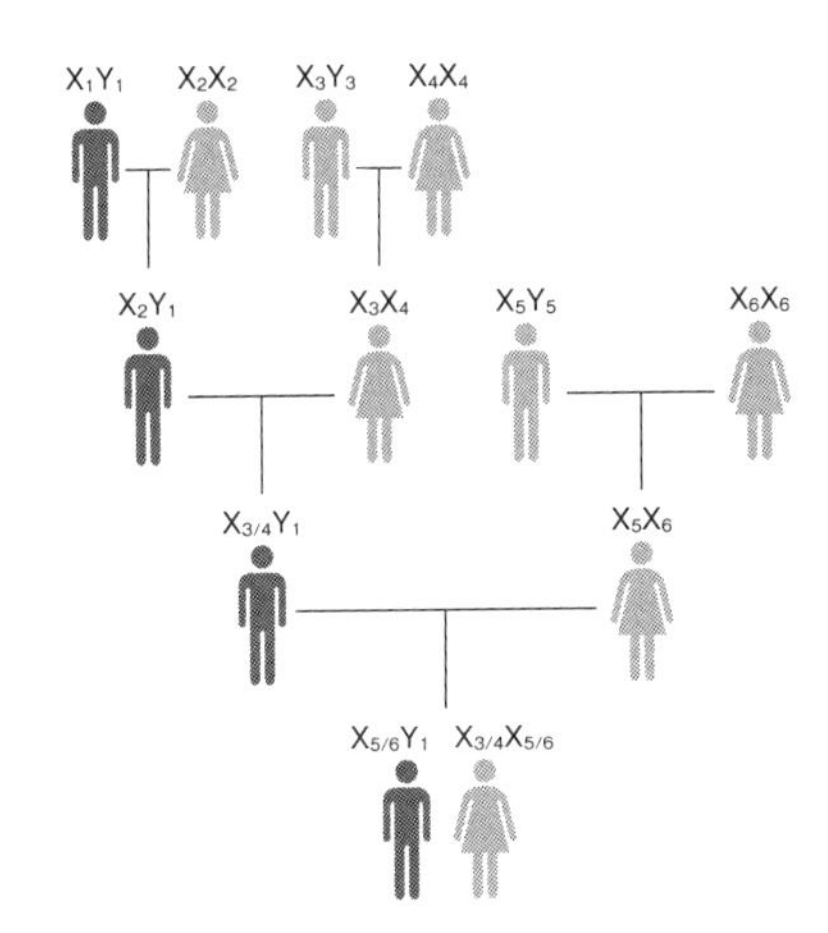

図1　Y染色体の伝達様式

Y染色体は男系が続く限り同じものが伝わって行く。$X_{3/4}$は、X_3もしくはX_4の意

て、生物学的な性が生まれてから変化することはありません。ヒトの細胞の中には23組46本の染色体がありますが、そのうちの1組2本が性染色体と呼ばれるもので、女性は2本ともがX染色体、男性は1本がY染色体でXとYという2種類の性染色体を持っています（図1）。

このY染色体は他の染色体にはない特徴があります。それは同じ染色体が母親側にないため、その家系に男児が生まれ続く限り基本的には同じ染色体がずっと伝わっていくことです（図1）。Y染色体以外の染色体は、同じものが男女のどちらにもあるため、父親側のものと母親側のものを区別するのは簡単ではありませんし、両親由来の染色体が交叉といって、途中で組み換わって混じってしまうことがあり、その起源や系譜を正確に特定することが困難です。しかし、Y染色体は男児から男児へと伝わって行き、途中で他のものと混じることもほぼないため、人種の起源、特に男系の起源を探る上で非常に有力な情報を提供することになります。この性質は近年人類学、特に分子人類学と呼ばれる分野で注目されており、この*注3 Y染色体に基づいた日本人の起源の話は、ちょっと不思議で大変面白いものです。

*注3：近年では全ゲノム配列を用いた解析が進み、主流となりつつあるが、系譜という意味では、Y染色体に基づいた解析はユニークな視点を提供している。

日本人をめぐる二つの源流

人類はアフリカで誕生しました。そこから世界中に広がりさまざまな人種に分かれていく過程で、Y染色体も少しずつですが変異を蓄積して変化していきます。その結果、現在世界各地には数多くのY染色体タイプが存在しており、それらは概ね発生した年代順に、アルファベットでAからTまでに大別されています。人類が誕生した際に持っていたと考えられる最古のY染色体はA型で、その次に古いタイプはB型ですが、この二つはアフリカにしか存在しません。つまりこれらの人種は人類がアフリカで誕生してから、今までずっとアフリカに居続けているグループで、マサイ族とか、ピグミー族とか、コイサン人といった人たちがこれに含まれます。

一方、人類の中には生まれ育ったアフリカから出て、より広い世界へと向かったグループがいました。いわゆる出アフリカです。その時期は今から遡ること6万年から10万年くらいのことで、初期に出アフリカを果たしたのが、A型、B型についで古いグループであるC型、D型、E型、F型などのY染色体を持つ人類でした。この冒険心に溢れた人類たちは、海を越え、山を越え、数万年の時間をかけて世界中へと広がっていくのですが、その中で東へ東へと向かったのが、C型およびD型のY染色体を持ったグループでした。実は、日本人は（少なくともその一部は）この古くに出アフリカを果たしたD型Y染色体を持つ人種の子孫であり、彼らがユーラシア大陸の東の果ての日本にやってきたのは、およそ3万年前と推定されています。その彼らこそが後に「縄文人」と呼ばれることになる人々です。

日本人の源流に関するもう一つの大きな出来事が約4万7000年前に起こります。それは出アフリカを果たし、南アジア・西アジア方面に向かったF型グループの中から注目すべき人種グループが成立したことです。それはK型と呼ばれるY染色体を持つ人種で、その後、彼らの子孫はまさに世界を席巻していきます。K型の子孫には、西洋人の重要なルーツの一つであるインド・ヨーロッパ語族を形成していくR型や中国の漢民族等を形成していくO型などがあり、現代人男性の実に半分以上がこのK型に由来するY染色体を持っているのです。彼らは活動的で攻撃性が高く、どんどんテリトリーを広げていくのですが、その子孫が日本にやって来たのは今から3000年ほど前のことでした。そう、O型のY染色体を持つ「弥生人」と呼ばれる人々です。

現在、世界を見渡せば、かつて世界中に広がったであろう古いY染色体をもった男性は、ずいぶんと少なくなっています。オーストラリアやアメリカ大陸などで、比較的近年起きたように、K型の子孫たちが古い染色体をもつ先住者を駆逐していったようなことが、歴史に残らない形で、世界各地で起こったのでしょうか。中でもD型のY染色体を持つ人種は、ほとんど絶滅の危機に瀕しています。現在、D型の染色体を持つ男性がいるのは、日本（アイヌ、琉球人を含む）、チベットおよびミャンマー南部のベンガル湾に浮かぶ孤島、アンダマン諸島などに限られています。早々に出アフリカを果たし、この極東の地までたどり着いた冒険心溢れるD型の子孫が、なんと現在では日本やアンダマン諸島といった大陸から離れた孤島か、ヒマラヤ山脈、崑崙山脈などに囲まれた高山のチベットのような僻地でのみ細々と暮らしているという状況です。日本の中を見ても、D型を保有している男性はアイヌ人や琉球人に多く、弥生人の流入により本土から南北へ追われたような形になっています。こういったD型Y染色体を持つ人種の分布を客観的に見れば、これらの人々がK型の子孫たち（東アジアでは主にO型）に蹴散らされ、彼らが来ないような辺鄙な場所へと移っていったか、彼らが到達していない場所でのみ生き延びた様が容易に想像されます。実際、日本人男性も、もうすでに半数以上はO型のY染色体を持つ弥生人系です。何だか少し残念な気持ちです。

日本の底流をなす縄文人気質

しかし、日本民族の最大の特徴となっているのは、この世界的にも希少なD型染色体を持つ人類（縄文人）の血を色濃く受け継いでいることです。弥生人が日本に入って来たのは約3000年前なので、人類の歴史から見ればごく最近の出来事です。しかし、縄文人はそれ以前の旧石器時代と縄文時代を合わせた3万年近い期間、日本列島で安定した社会を築いていました。縄文時代には人を傷つけることを目的とした、いわゆる「武器」が存在しておらず、人に加害された殺傷人骨もほとんど見つかっていません。争いを好まない穏やかな人たちだったことが想像されます。そりゃ、戦えば負ける訳です。今でもD型の多い沖縄に行けば「なんくるないさ〜」という柔らかな笑顔を見かけますが、そんなことを思い出させます。

また、縄文人は創造性が豊かであったとも言われています。その発露の一つが土器です。青森県にある縄文集落・大平山元遺跡で見つかった土器は1万6500年前に作られたものと推定されました。メソポタミア、インダス、エジプトなどの西洋の古代文明で土器が使われるようになるのが7000～9000年前のことなので、それらと比べてもずいぶんと早くから土器を使っていたことがわかります。発見当時、世界最古の土器でした。また、縄文土器はその古さだけではなく、ありきたりなシンメトリーに収まらない、たとえば「火焔型土器」に代表されるような躍動感のある破調が一つの特徴になっています（図2）。世界中の土器の中でも最も立体的装飾が豊かと言われており、縄文人たちが持っていたであろう不思議な世界観を感じさせます。縄文人たちは争いが少なく、自然に溶け込んだ生活を過ごしながらも、その静かな暮らしの中でこういった土器を工夫を凝らして作り上げ、内面の世界を充実させていたのかもしれません。

図2　新潟県長岡市で出土した縄文時代の火焔型土器

私たちの祖先である縄文人のこういった性質は、「争いを好まない」、「忍耐強い」、「細かな工夫をする」といった、日本人を日本人たらしめている気質に今も残されているように思います。日本を本当に日本らしくしているのは、私たちの中に残っているこの縄文人の血なのです。

日本を変えた弥生人

こういった日本固有の縄文人気質の素晴らしさを賛美することは、日本人の心情に訴えるものですし、一面の真実であることは確かだと思います。でも、少し本当のことから目をそらしている部分があります。それは弥生人の源流となったK型Y染色体を持つ人種は、実際、極めて優れた特性を持った人種であったということです。世界の四大文明はエジプト文明を除き、いずれもこのグループから派生した子孫か、K型の兄弟であるJ型Y染色体を持つグループが興したと考えられています。またエジプト文明も、有名なツタンカーメン王はR型のY染色体を持っており、これら王族の少なくとも一部がK型の子孫であったことは間違いありません。つまりいずれの文明の勃興もK型に由来する人種が深く関与していることになるのです。

縄文人が平和で安定した社会を数万年も続けたことは確かに素晴らしいことですが、それは狩猟採集を中心とした、平たく言えば、原始的な社会でした。自然に溶け込み、その一員として持続的な、すなわち同じことを繰り返すような社会を作る。それはある種の理想なのでしょうが、「文明化」とはその繰り返しのループから、離脱することであったのです。「文明化」は食料や知識や権力など、さまざまなものを〝蓄積〟し、それを原資としてさらなる発展へとつなげていくことに特徴があります。それにより円運動が螺旋運動へと変化するような、何かそれまでと違うフェイズに人類は突入していきます。日本にそれをもたらしたのは、やはり弥生人の流入であったのです。単純な比較が適切なのかはわかりませんが、D型Y染色体を持つアンダマン諸島の〝同胞〟たちは、現在も主に狩猟採取生活を続けています。

日本社会にとって幸いだったのは、この日本における〝新人類〟の流入が、世界的に見ても非常に特異な様式で行われたことでした。たとえば中国本土を見れば、現在、D型Y染色体を持つ男性はほとんど見つかりません。アフリカから極東の日本にまで到達したD型の祖先が中国本土には定住しなかったというのも不自然な仮定ですし、後からやってきたO型に蹂躙され、完全に置き換わってしまったと考える方が自然です。被征服地では、先住者、特に男性は子孫を残すことが叶わず、時間と共に絶滅し、文化や言葉も征服者のものに完全に置き換わってしまう。それが通常起こることです。しかし、日本ではそれが起こらなかった。

それを可能にしたのは、恐らく海による地理的隔離でしょう。縄文人が日本に到達した際には、氷河で日本列島とユーラシア大陸が陸続きであったと考えられていますが、弥生人が流入してきた時期には、列島は大陸から離れていました。だから弥生人の日本列島への流入は、征服者が大規模な集団でやってくるという形ではなく、少数の冒険者や交易者、または船の難破といったアクシデントの結果として起こったと想定されます。そういった断続的にやってくる少数の弥生人たちが、列島の縄文人社会に〝吸収される〟ことで、少しずつ大陸の文化が日本に運ばれて来た。それが日本の特異性、つまり縄文人の血を多く残しながらも、O型人種とその文化を取り入れ、他の文明に対抗できるような組織化された社会を形成したことにつながったのではないかと思います。

後世に伝えたい「縄文人の血」

こういった日本社会の二相性は、埴原和郎氏が提唱した「日本人の二重構造モデル」として古くから知られていました。新たに流入した弥生人と元からいた縄文人が混血状態で共存しており、争いに強く組織化が上手な少数の弥生人たちが日本の支配層となり、数の上では圧倒的多数の縄文人を統治していったというような考え方です。つまり征服者が、元々あったコミュニティーを破壊してしまうのではなく、その中に溶け込みながら支配的な地位を占めていったというシナリオです。日本人の変化を好まない、上からの指示に文句を言わないといった従順な性質は、元々の縄文人の性質とともに、数千年の間、支配されることに慣らされてきたという日本民族の歴史があるのかもしれません。

組織化と戦闘が得意な民族と、のんびりとした平和的な民族が戦えば、後者は滅びてしまいます。しかし、それは必ずしも後者の民族が〝劣っていた〟ことを意味する訳ではありません。前者が〝戦闘という環境〟により適した性質を持っていただけです。いったん、戦闘的な人種が誕生すれば、世界はそういった人種に席巻されていき、その陰で多くの優れた性質を持った人種が絶滅、あるいはそれに近い状態になってしまいます。それは歴史に残る形で、近年アメリカ大陸やオーストラリア大陸で起こったことでもあります。縄文人は本来絶滅の側にあったのだと思いますが、さまざまな幸運が重なって、今の日本にその気質が多く残されています。その貴重な「縄文人の血」は、平和と工夫を愛する血です。それを後世に伝えていくことが、日本民族が担っている世界的な使命ではないかと、私は密かに思っています。

また同時に、私たち日本人が持つ縄文人由来の特性を自らがよく理解し、その従順さを利用しようとする人たちを警戒する知恵を社会として持つことが必須であるとも思うのです。縄文人は本来絶滅の側にあり、その知恵がなければ、歴史の中で消え去っていった物静かで優しい多くの他の人々と同じ運命を辿(たど)ることになりかねません。

私たち日本人に流れる血は、平和と工夫を愛する血です。そのことに誇りを持ち、戦闘好きなK型Y染色体人種の兵隊となるのではなく、その対極となる文化を世界に向けて発信すべきなのです。それが世界の未来のために、日本人に課された役割なのだと信じています。

〝水〟のようにしなやかに

2018年の科学雑誌『サイエンス』に、火星の地下に巨大な湖が存在する可能性が報告されました。液体のいわゆる〝水〟の存在は生命の誕生に大きな役割を果たしたと考えられており、火星にも生命が存在するのではないかと注目が集まりました。〝水〟は他の物質と比べて、いくつかの際立った特徴を持っています。その一つはたくさんの物質を溶かすことができる性質で、溶かした物質を〝水〟の流れで移動させたり、化学反応を行う場となったりして、生命活動を支えています。また、比熱が大きいため、外部の温度変化に対し〝水〟で満たされた細胞内は温度変化が穏やかなものになっています。こういった〝水〟が地球に豊富に存在したことが、生命の誕生を促したのです。

一方、水はよく知られているように、固体の氷や気体の水蒸気といった状態にもなり得ます。氷は、一つの水分子が四つの水分子と水素結合でつながった正4面体が連続した構造をとっており、氷の中の水分子はそのつながりの中で規則正しく配列し、自由には動けなくなっている静的な状態です。それと反対に水蒸気は、水分子がバラバラの状態で、猛烈なスピードで空間を飛び回っている自由気ままな姿です。液体の〝水〟はその中間で、水分子同士がある程度つながったクラスターと呼ばれる集団をつくりますが、それが崩れて離れたり、組み換わってまたつながったりという自由度を持っています。〝水〟が決まった形をとらず、〝水〟としての性質を維持ながら、どこにでも染み入っていけるのは、氷でも水蒸気でもない、液体としてのしなやかさを持っているからなのです。

自分で考えること

話は大きく変わりますが、国際的な経済の協議機関である経済協力開発機構（ＯＥＣＤ）は、経済以外の教育・環境・健康といった問題もその協議の対象としており、５年に1度「国際教員指導環境調査（ＴＡＬＩＳ）」という活動を行っています。これは学校と教員に関するアンケートで、２０１８年の第3回ＴＡＬＩＳでは我が国を含む48カ国・地域が参加しています。その調査結果は、日本の小中学校教育に、海外と比べて際立った特徴があることを示していました。

それは「批判的に考える必要がある課題を与える」、また「明らかな解決法が存在しない課題を提示する」といった、自力で考えるための教育が、日本ではほとんど行われていないという点でした。特に前者は顕著で、日本の中学校でそういった課題を与えていると答えた教員はわずか12・6％でしたが、調査対象となった他の47カ国・地域の平均は62・0％で、最も高いコロンビアでは87・5％、アメリカで78・9％、日本の一つ上、第47位のフィンランドでも37・2％だったのです。日本の12・6％という数字は、もうダントツに突出しており、いかに世界と比して日本では「批判的に考える」という教育がなされていないか明らかとなりました。また、後者の「解決法がない課題を与えている」と回答した日本の教員の割合も16・1％と明らかに低調で、48カ国中第45位でした。

こういった傾向から窺えることは、日本の教育では、教える側が想定している「正解」に早くたどり着く能力をつけさせることに力点が置かれており、自らの頭で考える、つまりその「正解」を一から考え直し、自分なりの答えを見つけるようなことは想定されていないか、かなり疎かにされているということです。しかし世界的に見ると、そんな教育はむしろ異端であり、「与えられた「正解」を鵜呑みにするのではなく、自分の頭できちんと考えてみなさい」と教えることも、非常に重要な教育であると認識されているということです。

こういう書き方をすれば、「自分の頭で考えることは重要だ。日本でもそういう教育をするべきだ」という人が大多数でしょう。では、これに関連する私の以下の体験談についてはどう思われるでしょうか？　中学生の時、私はバスケットボール部に入っていました。朝は始業前から朝練があり、夕方も遅くまで練習がありました。私は田舎に住んでいたため、中学校まで通学に1時間半ほどかかり帰宅は8時を過ぎることも多かったので、もう腹ペコです。帰りに豚まんの一つも食べたくなりますが、中学校の校則では登下校時の買い食いは禁止されていて、見つかると生徒指導の先生にこっぴどく叱られることになります。

私はこの校則にどうしても納得がいかなかった。なにも万引きをしているのではないのです。自分のお小遣いで食べ物を買って食べることの、一体、何が悪いのか？　こっちは育ち盛りの中学生で体育系の部活もしているのに、昼の12時から夜の8時過ぎまで何も食べられないというのは、あまりに理不尽ではないかと思えました。それである日のホームルームだったか、道徳の時間だったかに、先生に「どうして買い食いをしてはいけないのか」と食ってかかったというか、質問してみました。まぁ、生意気な中学生だった訳です。

その際、先生が理由として挙げたのは「校則で決まっているから」、そして「中学生が制服姿で買い食いをしている姿がみっともないから」というものでした。私は「なぜ校則でそう決まっているのか」について問うたのであり、論理的には一つ目の理由は答えになっていません。「制服姿での買い食いがみっともない」というのも、いわゆる主観の問題です。私服での買い食いが良くて、制服姿の買い食いはみっともない、という説明に、万人を納得させるほどの説得力があるとは思えません。当時の私は到底、納得がいかなかったのですが、クラスメートとこの話をしてみると、大半は「買い食いが本当に悪いことだとは思わないけど、校則である以上、守るべきだ」という意見でした。

ここからわかることは、自分で考えることを良しとするということは、他の多くの人の考えとか、社会的なルールと違う考え方を認めるということにつながるということです。なぜ買い食いが悪いのか、どうして白い靴下でなければならないのか、そんなことに確たる理由など実際はありません。ルールだからという呪縛を離れ、一から自分で考えれば、買い食いをしても、黒の靴下をはいても良いと思う人は一定数でてくるでしょう。しかし、そんな人を認めていたら秩序の崩壊です。校則が何のためにあるのか、意味をなさなくなってしまいます。

秩序と無秩序のはざまに宿る「生命」

日本人は秩序を重んじる国民性を持っていると言われています。それは日本人という民族の美徳です。東日本大震災の時には、数十万人が家を失うという絶望的な状況にもかかわらず、略奪行為もほとんどなく、避難所の物資の配給では人々がきちんと列をつくっている姿が広く報道されました。その冷静で秩序だった行動は世界からの称賛を受けました。コロナ禍では、どこの国よりマスク着用をきちんと守り、逆にどうして日本人はマスクを外せないのかが話題となるほどでした。そして、これらは決して警察官の監視といった公権力による強制ではなく、各人が公共のルールを自ら守ることで生まれた秩序であり、日本社会の大きな長所であることは間違いありません。しかし、ルールを遵守し、そこから外れることを嫌悪する日本の国民性は、穿った見方かもしれませんが、「自分の頭で考えない」教育の成果である可能性はないでしょうか？　自分で考えるより、何も考えずルールに従った方が楽。そして自分が（時に我慢して）ルールに従っている以上、それに従わずに自分勝手をする人々を嫌悪することになってしまう。そんなことはないでしょうか？

構成員がルールを守ることは、人間社会を成り立たせるための基本事項です。ただ、与えられたルールに何も疑いをもたないことが、本当に社会の構成員としてなすべきことなのか、考える必要もあるように思います。たとえば車がほとんど来ない真夜中の道路で赤信号を待つことに、何の意味があるのだろう？　と思ったことがある人は、私一人ではないと思います。見通しの良い道路であれば車が来ないことは明白で、横断しても何の危険性もない訳です。しかし、「赤信号を無視する」ことに、どこか心理的な抵抗を持つ人も日本にはいるでしょう。ただ世界を広く見れば、赤信号を自己判断で無視できる法律を持っている国も決して少なくないのです。アメリカであれば、基本的に車は赤信号であっても自己判断で右折（アメリカは車が右側通行のため、日本で言う左折にあたる）することができます。またイギリスでは、歩行者が赤信号を自己判断で無視することは合法で、そのリスクは自己責任なのです。

社会には、たとえば人を殺してはいけないとか、他人の物を盗んではいけないといった、ほぼ人類共通とも言えるルールがある一方、国によって判断が違うものも多くあり、それらは時代や社会状況によって、本当は変化して良いのです。ルールを金科玉条のように扱い、そこで思考停止するのではなく、そのルールが本当に妥当なのかを考えることは、社会の発展や進歩のために、実はとても大切なことです。それは誰か偉い人が決めることではなく、一人一人が自分で考えること、その集約として社会が変わっていくことが本当は望ましいのです。

私は決して、個人の裁量を大きく認める欧米型の社会が、秩序を重んじる日本社会より優れている、というようなことを言うつもりはありません。ルールをきちんと守ること、自分の頭で考えて責任を持って行動すること、この二つは共に人として備えるべき資質です。そのどちらかではなく、両方を自分のものとし、場合によってきちんと使い分けられるようになることが大切なのです。

社会の中でいつも個人が水蒸気のように自由気ままに振る舞えば、社会は無秩序なカオスになってしまいます。しかし、ルールに厳密にしばられ、個人の裁量がなくなれば、氷のようなガチガチの社会です。どちらかに偏ってしまえば、そこは「生命」が存在できない世界です。何かを考える時に、一つのポリシーに従って考えることは単純でわかりやすいことです。しかし、本当に必要なことは両極の良さと欠点をうまく融合させ、〝水〟のようにしなやかに振る舞うことだと思います。それが社会に継続的な発展、すなわち「生命」を吹き込むことになるのだと思っています。

「モグラ」の心意気

年に2回、直木賞や芥川賞の受賞者が発表されますが、その受賞会見はテレビや新聞などで大々的に報道されます。その様子を見ていると、時々、土中のモグラが急に太陽の下に出てきた時のような、そんな姿を思い出すことがあります。大変、失礼な表現ですが、決してネガティブな意味で言っているのではありません。

普段テレビで見ている人たちの多くは、人前での立ち居振る舞いも自然で、見られることに抵抗がないように思えます。自らタレントになろうというのだから、それはそうなのでしょう。一方、世の中には当然そうでない人もいます。私は職業柄、人前で話をする機会は多いのですが、実はもう圧倒的にモグラ派人間です。スポットライトのようなものが、とても苦手です。

私もこうして本など書いているので物書きの端くれということになるのでしょうが、文章を書くという作業の良い所は、一人でできる、ということです。誰に会わなくとも、他人との意見調整も必要なく、基本的には自分だけで作業が完結します。こういった他人とのつながりが切れた、独立性と言えばよいのか、ある種の孤独と言えばよいのかわかりませんが、そういうものが文章を紡ぎだすことに必要な要素として存在しているのではないかと、時々思います。自分を直木賞や芥川賞の受賞作家と並べて語るのも大いに憚(はばか)られますが、受賞会見で時々見るあの〝モグラ感〟には、なにかそのような要素を感じ、親近感を持ってしまうのです。

自分の言葉を紡ぐということ

人間は社会的な動物で、どんな人も自分以外の人間とのつながりの中で生きています。みんなで同じユニフォームを着たり、同じ色の鉢巻きをしたり、そういった皆が同じことをすることで得られる一体感には、どこか気持ちを高揚させてくれる所があります。いろんな人と知り合いになれば、情報も多く入ってくるし、視野も広くなり世界が広がります。現代社会は情報社会であり、情報弱者は社会的弱者です。実際、他とつながり、より多くの情報を持てば、いろんな選択や判断に有利なことは多いでしょう。「モグラ感」なんて、一体、何に必要なのでしょうか？

しかし、です。極端な言い方になっているかもしれませんが、人は何かを知ってしまうと、知らない状態にはもう戻れません。それは侮れない真実です。他人と共有する情報が増えていけばいくほど、自分の感性や考え方がそういった「常識」に感化されるようなことが起こります。また、何かの集団とのつながりが密になれば、周囲との関係で自分の行動が制約されることも起こります。たとえば新型コロナ対策のマスク着用義務も解除となり、もう外に出る時にはマスクをしなくてもいいはずですが、周囲がみんなマスクをしていると、してない自分がどことなく居心地悪く感じてしまいます。日本は同調圧力が他国に比べて高いと言われていますが、こういった右へ倣え的な行動が「つながり」の中では重視されてしまうのです。

世の中には、私も含めて、そういったものにうまくなじめない人がいます。みんなの考えになじめない。みんながすることにうまく同調できない。だから「モグラ」的になっていく。しかし、それは本当に良くないことなのでしょうか？　いくら同じように振る舞ってみても、実際にはみんなが同じであるはずはありません。なにかなじめない、本当はそれで良いのではないかと思うのです。それがその人固有の感性であり、個性です。そこに他の誰にも書けない、あなただけの文章が生まれる可能性が眠っているのです。文章を書くという行為は、もちろん外からのインプットも必要ですが、より大切なことは自分の内部で何かを作り上げる作業です。それは作曲家が自分だけのメロディーを生み出すように、人まねではなく、どこかで聞いた話をつぎはぎするのでもなく、自分の言葉で、何かを紡いでいく作業です。そこでは他から独立した時間や精神のようなものが何より大切で、いっそ土中にもぐって日光や新鮮な空気からも遮断されたような時空間が、その作業には適しているのかもしれません。だから隠しても隠しても〝モグラ感〟が出てきてしまうのです（……ような気がします）。

ハンス・ヨナスの生命観

SNSやなんやで「つながり」とか「絆（きずな）」がもてはやされる時代ですが、他から「独立している」という要素は実はとても大切なものです。忖度（そんたく）とか、空気を読むというような振る舞いは、日本社会では常識となっていて、周到な根回しをして波風を立てず事を進めて行くのが日本の文化です。しかし、「つながり」を持った集団は良くも悪くも同じ論理や価値観を共有しています。そういった内輪だけで物事が決まると、しばしばそれは「暴走」のようなことを引き起こします。それは車で言えば、アクセルしかついていないような状態になるからです。中学生の時だったか社会の教科書を読むと、戦前にできた「大政翼賛会」に関してネガティブに書かれていて、みんなが賛成して協力しようというもののどこに問題があるのか？　と不思議に思った覚えがあります。それは結局、第二次世界大戦、そして敗戦へと日本を導くものになるのですが、そういったファシズム的なものに異を唱える存在、つまり異なった価値観でものを言える存在がない社会になってしまったことが問題だったのです。

少し話は変わりますが、ドイツ生まれの哲学者ハンス・ヨナスが提唱していた生命観は独特で、この文脈で興味深いものです。ヨナスは細胞膜を通して物質が出入りする代謝、すなわち必要なものを環境から取り入れ老廃物を排泄することで、膜の内部に〝特有の空間〟を保持できることが、生命の本質と考えました。生命の代謝起源説と呼ばれるものです。そのような代謝を可能とする膜を持つことにより、周囲の環境に依存して増殖していた状態から、その適した環境を膜の中に作り自由に移動することが可能な存在になったとしました。つまり膜により生命は「自由」を手に入れましたが、同時に膜が破壊されることで訪れる「死」の宿命も背負うようになったと提唱したのです。この膜という境界により内部と外部を分けることで「生」を定義するシンプルな概念モデルは、生物の細胞だけでなくさまざまな事象に適用が可能です。内部環境が外部と異なった状態で維持されている状態が「生」、内外の区別がなくなれば、それは「死」です。

つまりこの生命の概念に基づけば、より大きな集団の価値観の中に同化することは、その人の個性の「死」を意味します。ファシズムのような熱狂はそういった「屍(しかばね)」を次々と吸収して巨大化していくモンスターのようなものなのかもしれません。何かを創作する者にとってもそういった「境界」の崩壊は、まさにクリエーターとしての「死」であり、それに抗(あらが)って自己内側の密度を保たなくてはなりません。それが独立しているということなのです。

「独立していること」の大切さ

だから「独立している」ことは、「敵対する」ことと根本的に違います。単にその対象とは異なった論理や価値観といった、違う内容物で内部が満たされているということです。外界の環境と無関係に、特有の〝自己〟に忠実でいられるということなのです。人間社会においては、そういった独立したものの存在が、物事の健全な発展や改善のために、実はとても重要です。価値観を共有した集団内であれば合意は簡単で、確かに物事はスムーズに進みます。しかし、人間がやることには誤りがつきもので、違う価値観で動いているものからの指摘がなければ、それに気づけないことも多々あります。そういった自分たちと違う価値観からの指摘を入れて修正を繰り返すことで、物事は少しずつ発展、進歩していきます。

この観点で見れば、昨今、世の中全体が異論に対して狭量になっているように感じます。ネット上の論争などでは、嘘でもデマでも相手の揚げ足をとってでも、なりふり構わず「はい、論破！」と見かけ上、言えれば勝ちみたいな風潮が蔓延（まんえん）し過ぎています。自分とは違う価値観を持った相手の言い分から有益なものを引き出そうという姿勢ではなく、ただ勝ち負けみたいな話（それも見かけ上の）になってしまっています。本当に大切なのは勝ち負けではなく、より良くしていくということです。

　政治の世界も似た話になっているように見えます。本来与党と野党は敵ではなく、野党は与党から独立した存在として、与党の案を補うようにアイディアを出し、お互い協力して国政を良くしていくべき存在です。しかし、権力者が自分に従う味方と、批判する敵という二分法を適用し、味方は理不尽なほど厚遇し、敵にはどんなことをしても、言ってもよいという姿勢で臨んでいるように映ります。権力者のそういった狭量な公権力の行使は、自分と同質なものしか存在を許さないという社会に対するメッセージとなってしまいます。また、味方を理不尽に厚遇する権力者の周囲には、おべっかや忖度が得意で、得ができればあとはどうでもいいような人間ばかりが集まり、何かの時に諫言（かんげん）できる志を持った有能な人間は離れていってしまいます。それは国として最も不幸な状態です。今の日本はそれに近づきつつあるのではないか、そのことを憂えます。

そう、だから時代は「モグラ」です。忖度も空気を読むこともない「モグラ」たちが土中から顔を出し、一斉に蜂起しなければなりません。それはなんだか社会が全体主義的になり、中国に与(くみ)する奴は非国民みたいな変な空気に、「隣近所と仲良くしなくて、どうすんの?」と、ごくごく普通のことを言ってやるようなことです。それが「モグラ」の心意気です。

「美しさ」の光と影

春になると日本はサクラです。一つの花について毎日のように今、何分咲きだとテレビで報道し、満開になると清潔感のあるその白色から淡紅色の姿を愛で、花見だ、宴会だと大騒ぎし、一斉に散っていくその姿に人生の美学を見る。そこには人間として清廉に生き、死ぬときも名誉と覚悟を持って美しく散りたいという日本人の死生観や人間観が投影されているように思います。

このように日本人にとって、サクラは何か心情的に特別な花ですが、葉よりも花が先に咲いて一斉に散る、いわゆる「サクラ」の特徴は、200種以上あると言われる各種のサクラで一般的なことではなく、ソメイヨシノという固有の品種の性質です。つまり私たち日本人にとっての特別な花とは、実はソメイヨシノというサクラの品種ということになるのですが、そのソメイヨシノという「生物」が果たして存在しているのか、そんな疑念があることをご存知でしょうか？

ソメイヨシノ

ソメイヨシノは、江戸時代に現在の東京都豊島区にあった染井村で誕生したサクラの品種です。植木職人によって作られたとも、自然交雑により誕生したとも言われていますが、エドヒガンとオオシマザクラというサクラの野生種を親として誕生した雑種です。しかし、このエドヒガンとオオシマザクラというサクラの野生種には、遺伝的な多様性があるため、どのエドヒガンの個体とオオシマザクラの個体を掛け合わせても、ソメイヨシノができるというものではありません。たとえば日本人とアフリカ人のハーフと言っても、いろんな体格や肌の色の子供が生まれてくるようなものとでも言えばいいでしょうか。みんながみんな八村塁選手のようになる訳ではないのです。では、ソメイヨシノ同士の子孫を作ればソメイヨシノになるのではと思う人もいるかもしれませんが、それがうまく行きません。サクラには自家不和合性という性質があり、自分で作った花粉とめしべの交配ではちゃんと成長するような種子ができないのです。つまりソメイヨシノ同士をかけ合わせても子供ができません。

では、日本全国、いや今や世界中のいたる所で見られるソメイヨシノはどうやって増えたのでしょう？　その答えは、挿し木や接ぎ木です。つまりソメイヨシノと呼ばれるサクラは、偶然生まれた鑑賞に適した個体、つまり花をたくさんつけ、葉よりも花が先に咲くような個体の体の一部を切り取って、次々と増やしているクローンなのです。あまり良いたとえではないかもしれませんが、八村選手の体の一部から、次々と八村選手を作っているようなものです（人間では倫理的な問題もあり、そんなことはできませんが、植物だと可能です）。だから遺伝的な性質が原理的に同一となるため、似た環境で育てれば一斉に花を咲かせ、一斉に散るのです。

「単一なもの」が持つ脆さ

こういったソメイヨシノというサクラの存在様式は、生態的に考えると極めて不自然です。自分で、自分と同じ形質を持った子孫を残すことができないのですから、人間がいなければ継続してこの世に存在できない、ある種、人間に依存した「生物種」です。人間がいなくなれば、ソメイヨシノもこの世から消滅します。それでは「生物種」として成立していないのではないか？　そう疑問に思う人がいても不思議ではありません。
ただ、人間に好まれるという特性は素晴らしいもので、サクラの名所にいけば数千本というソメイヨシノが植えられていることも珍しくありませんし、海外にもどんどんその生育域を増やしています。つまりある種の植物が、花粉を昆虫に運んでもらうことで子孫を残しているように、ソメイヨシノも人間によって子孫を残しているというふうに解釈できないこともありません。「人間が支配的な地球」という環境に極めて適応した「生物種」という見方も可能です。

一方、この環境によく適応したクローンという性質は、生物学的には脆さと隣り合わせです。これまで書いてきた人間への依存性もその一つですが、それ以外にもたとえばソメイヨシノは病害虫に弱いことが知られており、アメリカシロヒトリ、オビカレハなどの害虫による葉の食害やテング巣病や根頭癌腫病（こんとうがんしゅびょう）といった病気の被害も受けやすい性質があります。野生種であれば、その中には病気や害虫に強い個体がいるものですが、ソメイヨシノは遺伝的に均一なクローンであるため皆が同じようにやられてしまいます。そういったことの影響もあってか、ソメイヨシノは50年〜80年程度で枯れてしまう例が多いようです。ヤマザクラなどの野生種だと樹齢1000年以上の老木が見つかりますから、ずいぶんと短い寿命です。ソメイヨシノは確かに素晴らしい特徴を持ったサクラですが、人がいないとその存在さえおぼつかない病害虫に弱いサクラを世界中に広げてしまったとも言えるのです。一つの観点だけを重視して熱狂するあまり、知らない間に思わぬことが起こっている。そんな側面があるのかもしれません。

経済合理性の先に待つ未来

私には今の世の中の趨勢（すうせい）が、どこかこのソメイヨシノの話と重なって映ります。それはたとえば、経済的合理性という価値観です。お金の素晴らしい所は、まったく違う性質のものであってもその価値をお金に換算して比較できることです。たとえばテレビを作るとして、1台のテレビを作るのに必要な費用は、工場の建設費、人件費、材料費など、すべてお金に置き換えて計算することが可能で、同じ品質のテレビをより安く作れば、より安く販売することができるので、勝ち、です。これは世界のどこでテレビを作っても同じロジックを適用できるので、世界中でテレビを作っている会社同士の競争になります。より安くテレビを作るためには、より安く工場を建て、より安く人を雇い、より安く材料を仕入れればよい訳です。こういった経済的合理性の追求は、数字がはっきり出る競争です。その結果、会社の経営者は、土地や資材の安い場所に工場を建設し、材料を買い叩き、人件費、つまり従業員の給料をなるべく減らそうとします。そうしないと、会社自体が他に負けて倒産してしまう。こういった理路整然としたロジックです。

また経済的合理性の追求は、消費者にとってもメリットがあり、会社同士が競争することで、良いモノがより安く手に入るようになる訳です。このように経済的合理性は、ある意味、強力で素晴らしい考え方であり、だからこそ現在の世の中で支配的になっています。しかし、それはソメイヨシノの美しさと同じで、その陰で気づかぬうちに、何か大きなものが失われている。そのようにも思うのです。

この経済的合理性という錦の御旗の下では、それを追求すればするほど、安い労働力が必要になります。従業員に「無駄に」多くの賃金を払うことは、経済的合理性に背く行為であり、終身雇用だった社員を非正規雇用にし、フルタイムだった従業員をパートに変え、なるべく支払う賃金を減らすことが「合理的」です。日本はこの御旗の下に次々と社会制度を変革し、国内に安い労働力を作り出しました。

しかし、それはつまり貧困に苦しむ層を意図的に作るということです。令和3年度に発表された国税庁の「民間給与実態統計調査」では、年収200万円台以下（300万円未満）の労働者が全体の37・7％と報告されています。300万円台以下になれば割合は半数を超えます。年収300万円台というのは、一人暮らしなら十分ですが、結婚して家族を養っていこうと思うと、躊躇（ちゅうちょ）する金額です。実際、2023年度の『経済財政白書』によると、30代男性で年収が800万円以上の高所得層では未婚率が17・3％、600万〜700万円台では21・4％に過ぎませんが、低所得層の年収200万円台では64・7％、100万円台で76・3％が未婚となっていて、収入格差が婚姻率に大きな影響を与えていることがわかります。日本は少子化がどんどん進んでおり、令和4年度には出生数が80万人を切りました。少し前の半分以下の数字です。端的に言って、国民が貧しくなって、国が衰退していっています。結婚して子供を産んで育てるという、生物として当たり前のことが「贅沢（ぜいたく）」となりつつあるのです。経済的合理性は結構なことですが、私たちの社会はそのために、一体、何を犠牲にしようとしているのでしょうか？

格差が生む社会の分断

経済的合理性は一面の真理です。ソメイヨシノが確かに美しいことと同じです。しかし、その素晴らしさばかりに目を奪われて事を進めて行くと、その陰で思わぬことが起こっている。少し正気に返れば、美しいサクラはソメイヨシノだけではなく、本当は世界中の国みんなが経済的合理性の下に競争する必要もありません。関税をかければ、外国との競争には歯止めがかかりますし、国民に十分な給料を渡せば、それにより国内の消費も増えていくでしょう。多くの国民が不安なく暮らしていけるよう、取るべき所からきちんと税金を取り、所得の再配分を増やし、もう少し国内を中心として経済を回すような国家の設計もあるはずです。経済のために国民があるのではなく、国民のために経済がある。一部の富裕層の所得だけを増やし、国民の多くがまともに子供を産み育てることもできないような国にして良いはずはないのです。

かつての日本企業は年功序列の終身雇用が一般的でした。会社は家族のようなものであり、いったん就職したら、従業員はその会社に愛着を持って一生尽くし、会社もその社員を一生涯面倒見る。そういった血の通った組織として存在していました。もちろん経済的合理性から言えば、無駄が多く効率が悪い組織という面はあったでしょう。有能な社員も、そうでない社員もあまり待遇が変わらない。競争のインセンティブもない。合理化という観点からはダメな組織の典型なのかもしれません。しかし、そういうダメ会社、ダメ組織を使って日本はかつて高度成長を成し遂げました。平成元年（１９８９年）の世界時価総額上位企業のトップ50社には、日本企業が32社も入っていました（現在、トップ50に入っているのは、トヨタ1社だけです）。そういった目覚ましい日本の振興は、決して経済的合理性を徹底した企業・社会から生まれたものではなかった点は、もう一度よく考えるべきではないかと思います。そこには単純な効率主義では測れない、何かを生み出し、作り出すことができる組織があったのです。

会社への愛着がなくなり、ただお金のためだけに働くようになれば、与えられたことだけをやり、会社を良くしよう、育てようという気持ちもなくなってしまいます。そういうことは、目にはさやかに見えねど、本当に大きなものだと私は思います。

合理化や競争の導入を完全に否定するつもりはありません。しかし、その強い論理、ある意味、美しい論理の陰に隠れた「格差を作り、敗者を顧みない」性格に、それが社会に及ぼす悪影響に、私たちはもっと注意を払わなければならないと思っています。何事もお金に置き換え、効率を重視するという思想は、その瞬間は正しく見えても、実はとても底の浅い近視眼的な考え方です。過度な合理化や競争は、決して幸福な社会を作りません。合理化は貧者を、競争は敗者を、必ず生み出すからです。

典型的な格差社会となっているアメリカを見てみましょう。アメリカの全資産の3分の1は、わずか上位1%の富裕層が保有しています。一方、下位50%の世帯が持つ資産を全部合わせても、国富のたった2%にしかなりません。これはアメリカの上位50人が持つ資産の額と同じ、つまり下位1億6500万人の資産と同じ額を、たった50名の人たちが持っているのです。これだけの格差があるにもかかわらず、たとえば救急車の利用料は基本的に自己負担となっており、州にもよりますが一度利用すれば、10〜30万円ほど費用がかかります。救急車は車両自体が高価なうえ、装備も高額で、維持費も人件費も必要なので、自己負担額を単純に計算するとそれくらいが「合理的」な料金だそうです。だから、貧困層は救急車も呼べず、病院にかかることもできず亡くなってしまうことが、アメリカでは決してめずらしくありません。救急車の利用料金を無料にすることくらい、所得の再配分をもっと積極的に行う仕組みを作れば、なんということなく達成可能なはずです。新自由主義だ、経済的合理性だと、もっともらしいことを言ってみても、この現状を見れば、富裕層がただケチなだけというふうにしか私には思えません。あるいは、自分たちと貧困層は同じコミュニティーの構成員ではなく、「勝手に死んだら」と思っているということです。社会が経済格差により完全に分断されています。

日本社会も経済格差が大きくなり、希望を失った人の中には犯罪に走る者もでてきて、以前にはなかったような事件がよく報道されるようになりました。貧乏人は死んでも自己責任と言っている国に一体感など生まれるはずはありません。競争による格差社会か、みんなが平等な原始共産制かといった極端な議論ではなく、過度な競争や過度な平等はどちらも避けなければならないのです。その適度な中間にこそ、進むべき道があり、それはより多くの人が人間らしく生き生きと暮せるということを指標に考えなければならないものです。日本人の特性と良さが活きる社会は、決してアメリカ型の格差社会ではないのです。

ヒトと人のあいだ

犬を飼っている人なら誰もが感じていることだと思いますが、犬は人の感情を感じることができます。飼い主が悲しみに沈んでいると、じっと寄り添って、それを慰めるような行動をとってくれるのです。２０１２年にロンドン大学の研究チームが、犬が人のどのような感情に反応するのか、その研究結果を発表しましたが、犬は喜びより悲しみに対して共感を示す傾向があり、それが飼い主であれ、見知らぬ人であれ、同じように感じているとのことでした。我が家の愚犬も、子供が小さかった頃、叱られている子供に寄り添い、叱るのをやめるよう私に向かって一生懸命吠えて抗議していたことを、懐かしく思い出します。犬は人の悲しみに共感するのです。

この共感に関連して、近年注目されているのがミラーニューロンです。これはマカクザルで発見された脳の特定の領域に存在する神経細胞群のことで、他者の行動を見た際に、自分が実際にその行動をしている時と同様の活性化を示すという特徴を持っています。つまり他者の行動を見るだけで、あたかも自分がそれを行っているかのように反応する神経細胞と考えられています。その後の研究で、ヒトを含む他の霊長類の脳内にも同じように働く神経細胞群があることがわかり、ごく最近さらにマウスなどの齧歯目でもそれに類似した細胞群の存在が示唆されています。他人の行為を鏡のように自分の脳内に映す機能があることの発見は、さまざまな意味で興味深いものです。

ミラーニューロン自体は運動に関する神経細胞群で、知覚に関するものではないのですが、知覚に関する脳の別の部位でも同じような現象が見つかっています。近しい人が痛がっている様を見ると、痛みを受けている人と同じ脳の部位が活性化するのです。この現象はまったくの他人だと起こらないようですが、人間は他者の痛みを脳内で「体験」することが、場合によっては、本当にできるのです。こういったヒトの脳の特性が共感の生理的な基盤となっていると考えられています。

共感に類する行動は、少なくない哺乳類で観察されていますが、高度な精神性は特に霊長類で発達していると考えられており、その意味で言えば、ヒトは「他人の痛み」を最もよく理解できる動物と言えるのだと思います。

霊長類のもつ攻撃性

一方、この共感の発達した霊長類で、他の哺乳類より顕著にみられる、不可解なもう一つの特徴があります。それは同種間で殺し合いをすることです。2016年にスペインのグラナダ大学のグループが、1024種の哺乳動物でこれまで記録されている死亡原因を大規模に調査し、その結果を科学雑誌『ネイチャー』に報告しています。それによると哺乳動物種の約60%では同種間の殺し合いの記載がまったくありませんでした。同種で殺し合うのは、種の保存という観点からすれば不合理な行動で、普通は避けられるべき行為であり、系統進化的に特定の生物グループでのみ起こる現象であったのです。しかし、霊長類はその少数側のグループに入っており、哺乳類全体では0・3%に過ぎない同種間殺害による死亡率が、ツバイを含む霊長類グループでは2・3%にも上ると推定されています。ヒトに限れば、初期の人類や原始的な社会では概ね2%程度ですが、中世では大規模な人間同士の争い、つまり国家レベルの戦争等により大幅にこの割合が上昇し、約12%だったとされています。現在から過去100年に限れば、この率は1・

3%に低下していますから、時代によって人間同士の殺し合いの頻度は変わり、現代では抑制傾向にあると言えます。

しかし、この論文では詳しく触れられていませんが、霊長類には無視できないもう一つの特徴があります。それは一部の霊長類（特にヒト）では成熟した個体同士の殺し合いが発生することです。哺乳類で同種を殺害する場合、そのほとんどは力の弱い子殺しです。成熟個体の場合は、縄張りやメスを巡る争いなどで、負けた方が負傷し結果的に死に至ることは起こっても相手を殺すことを目的に行動することはなく、そんなことをするのは、チンパンジーなどのごく限られた霊長類とヒトのみと言われています。他人の痛みを最もよく知るはずのヒトが、どうして同種を意図的に死に至らしめるまでの攻撃性を持つのか、何かやるせない思いもします。ただ、目をそらせない事実として、私たちの中には本能としてこうした相反する二面性が備わっているのです。

「非情な」生物の世界

生物の世界は、究極的にはお互いが助け合って生きているのが本質だと私は思っています。ただ、弱肉強食というのはごく普通のことですし、少なくとも表層的には、非情・残忍な生態を持つ生物種も少なくありません。そういった一例として、カマキリのメスが交尾相手のオスを行為の間に食べてしまうという生態はよく知られています。これに関する詳細な研究が、アメリカとオーストラリアの研究者から2016年に発表されていますが、食べられたオスの約90%のアミノ酸がメスに受け渡されており、メスの産卵期の非常に重要な栄養源となっていることがわかりました。その結果、相手のオスを食べたメスから生まれてきた卵の数は平均88・4個となり、食べなかった際の37・5個と比べて2倍以上になっていました。つまりオスは食べられることで、より多くの自分の子孫を残したことになっています。

オットセイやアシカなどのハーレム形成による性淘汰（せいとうた）も身につまされる話です。これらの海獣は子育てを海中ではなく、岩礁などで行いますが、繁殖期になるとこの岩礁上の営巣の縄張りを巡ってオス同士の過酷な争いが始まります。勝ち残った強いオスは営巣に適した良い場所を確保し、そこで数十頭のメスを囲い込みハーレムを作って子育てを行います。メスを確保できるオスは全体の2割ほどと言われており、負けた8割のオスたちは少し離れた場所でオスだけの群れを作り、繁殖期を寂しく過ごすことになります。これも次世代に強いオスのDNAを残していこうという種としての本能であり、性淘汰と呼ばれる進化の仕組みと考えられています。

また、東南アジアを中心に生息しているレンカクは長い足で水草の上を歩く姿が可愛らしい水鳥ですが、この種はオス鳥が子育てをするという特徴を持っています。危険が迫るとお父さん鳥はヒナをわきに抱えて動き回り、必死に子供を安全な場所に移動させる微笑ましい行動をとりますが、そんなヒナにとっての最大の天敵が、実はレンカクのメス鳥です。レンカクのメス鳥は、オス鳥に子供を育ててもらうために、前の母鳥との間にできたヒナを殺し、そのオスと交尾して自分の産んだ卵を育ててもらおうとするのです。また、霊長類ではこれと逆で、オスが前のオスとの間にできた赤ん坊ザルを殺し、メスに自分の子供を産ませる習性も多く報告されています。これらも自分のDNAを後代に伝えるための進化の結果生じた性質と考えられています。

こういった動物の生態は、現代人の倫理観からすれば、非情で残忍に映りますが、いずれの習性も生物学的には理解可能なもので、ちゃんと理にかなった部分があるのです。

だからと言って、人間が同じことをして良いという話ではもちろんありません。

ヒトの想像力と共感力

しかし、改めてそのことを考えてみると、一体どうしてそれはいけないことなのでしょうか？　たとえばゲノムDNAなどの遺伝子配列から見れば、ヒトとチンパンジーの間に何か特別な違いがある訳ではありません。間違いなくヒトとチンパンジーはつながっており、生物学的には明確に同じグループの生き物です。そしてこの自然界の中で、淘汰を受けながら現在の姿に辿り着いたという点も同じです。私たち人類も自然界の摂理の中で生きている、ただの一動物という面があることは間違いありません。

一方、文明的な人間社会では人類と動物は明確に区別されています。過去には「道具を使う動物は人間だけ」とか、「言葉を使う動物は人間だけ」といったことも言われていました。しかし、道具を使う動物は他にも多くいますし、言葉についても発達の程度にこそ差はありますが、霊長類、イルカ・クジラ類、鳥類、ワニ類など広範囲の動物で音声を使ったコミュニケーションがあることがわかってきています。チンパンジーに至っては、数字、アルファベットや漢字などの文字も理解します。では、どこに人間と動物の決定的な違いがあるのでしょうか？

これまでの研究でヒトが他の動物と比べて格段に発達させている能力が、一つ知られています。それが「想像力」です。ヒトは自分の目の前にないことを想像して考える能力を持っているのです。「この宇宙はどうやってできたのだろう」とか、「この先、地球はどうなって行くのだろうか」とか、時間や空間を越えて思索をめぐらすことができます。それは哲学であったり、宗教であったり、そういった人間特有と思われる複雑な精神活動を支えている能力でもあります。

こういった人間の精神活動の中で、人間を人間たらしめているのは「他人の悲しみを想像して共感する能力」ではないかと、私は思っています。ヒトも動物の一種です。だからそのDNAに刻まれた本能として、他者への攻撃性や利己的な欲求といったものを持っています。それは仕方ありません。でも、その本能的な性質をヒトが抑制できるとしたら、それは他人の悲しみへの共感ではないかと思うのです。目の前で泣いている姿を直接見なくても、私たち人間は相手の心情をおもんぱかることができます。そこにわずかな「救い」があり、それが「ヒト」を他の動物とは違う「人」にしているのではないかと、私は思うのです。

オットセイがハーレムを作ってメスを独占するのも、一部の人間が富を独占するのも自然の摂理、どちらも生命の本質であり進化のために必要だ、という意見には確かに根拠があります。負けた奴は努力が足りないのだ。努力して勝った自分が総取りして何が悪い。そういった新自由主義的な考え方にも一理あるでしょう。私は、自然界にそういう競争に基づいた「摂理」のようなものがあることを否定できませんし、人間社会にその「摂理」が入ってきてしまうことも、残念ながらある程度必要なことなのだろうと思っています。ただ、他人の悲しみに一瞥(いちべつ)もせず、その「理」だけを主張するのでは、他の動物たちと何も変わらない。それでは「ヒト」であっても「人」でない。まさに「人でなし」です。我が家のイヌでさえ悲しみに共感してくれます。

「ヒト」が「人」になるために

競争や淘汰といった〝強い論理〟が幅を利かせる人の世に、そしてこれからの未来に、何かの「救い」があるとしたら、それは他人の痛みへの共感を忘れない、それを基盤とした社会ではないかと思います。競争を原理とした世界で、それはきれいごと、他人の痛みへの共感など競争には不利でしかない。自分が勝てば相手が負ける、その痛みをどう共感しろというのか。現実を考えれば、確かに簡単なことではありません。しかし、それでもなお、そこにしか「救い」はないと、私は思います。

2020年に映画として公開され、日本歴代興行収入1位のヒットとなった「鬼滅の刃 無限列車編」ですが、作中の最大のヒーローと言ってよい煉獄杏寿郎(れんごくきょうじゅろう)は、子供だった頃、母に「なぜ自分が人よりも強く生まれたのかわかりますか」と問われます。「わかりません!」と答える杏寿郎に、母は「弱き人を助けるためです。生まれついて人よりも多くの才に恵まれた者は、その力を世のため人のために使わねばなりません。天から賜りし力で人を傷つけること、私腹を肥やすことは許されません。弱き人を助けることは強く生まれた者の責務です」と諭します。そして杏寿郎は、その母の教えを忠実に守り、弱い人たちを守るために鬼と戦い息絶えていきます。このメッセージは強者がその力で私腹を肥やすことを良しとする新自由主義への強烈なアンチテーゼとなっており、この映画が人々の心をとらえた大きな要因であったのではないかと思います。

私は、この自然界や人間の社会は、本当はジグソーパズルのようなものではないかと思います。競争というのは、ある場所にはまるピースを決める作業です。煉獄さんのように武に優れたものは、そのような人が収まるべき重要な場所に当てはまるピースです。どのピースが本当にそこにはまるのか、似た特徴を持ったピースの間で競争があるでしょう。しかし、煉獄さんのようなピースばかりでは、ジグソーパズルにはなりません。真ん中に収まる重要なピースもあれば、端っこのほとんど絵柄が含まれていないピースもあるかもしれません。しかし、そんなピースも一隅を照らしているのです。どんなピースもロールプレイ、つまり「その場所で自分の役割を果たしている」に過ぎないと思うのです。重要な場所にいるからと、他のすべてを支配して、何もかもを独占して良い訳はない。全体を完成させるために自分の役割を果たす。そう思った時、ヒトは人になる。そう、私は思うのです。

日本の未来

日本の未来にとって何が一番大切かと問われれば、私は戦争に巻き込まれず平和な国であることだと思っています。日本が経済的に衰退して貧しくなったとしても、国民が餓死するようなことにさえならなければ、日本人のＤＮＡに刻まれた勤勉さや工夫を愛する心は、この国を再び蘇らせるために動き出すでしょう。たとえ我が国の経済や政治が壊滅的な打撃を受けることがあったとしても、疲弊した社会制度や既得権にまみれた不公正さや非効率さを再構築するための機会、「良薬口に苦し」といった面があるやも知れません。しかし、戦争は、３１０万人もの戦死者を出した先の大戦の例を引くまでもなく、ただただ多くの不幸をこの国にもたらすだけの愚行です。

不戦を誓った日本

戦争に関する物語や資料は、読んでみても気持ちの良いものではありません。死んでしまったお母さんのおっぱいを吸おうとする赤ちゃん、死体からわく蛆虫(うじむし)、自決を強いられお互い殺し合う家族、食料が尽き仲間の死体を食べる兵士、そんな目をそらしたくなる話ばかりです。しかし、それが現実となるのが戦争であり、私たち日本人は実際にそれを経験してきたのです。その経験を風化させてはいけない。そんな悲惨なことを二度と現実にしてはいけない。それが戦争で死んでしまった人たちへの最大の供養なのだと、日本人はそう誓ったはずです。

しかし、今や日本は世界で3番目の軍事大国になろうとしています。二度と戦争をしないと誓った国がどうしてそんな軍備を持つ必要があるのか。もちろん丸腰でいることが戦争を避けることではない、それは真実でしょう。どんな生き物も例外なく自分を守るために何らかの武器は持っているものです。ただ、二度と戦争をしないという誓いを本当に実現するためには、それ相応の国家戦略があるはずです。日本のように軍備にお金をかけないと他国に侵略されるというのなら、アメリカと中国と日本以外は、みな侵略されていなければなりません。戦争放棄を謳(うた)っている日本が、それを謳っていない国々より、はるかに多くのお金を軍備に使っている。しかも国内には世界に類を見ないほど多くの米軍基地（それらは日本を守ってくれるはずの）も存在しています。この状況は本当に妥当な国家戦略の結果なのでしょうか？　何かおかしい。そうは思わないでしょうか？　本当に戦争をしなくてよい国になるためにはどうしたらいいのか。平和国家として何にお金を使うべきなのか。国としてのもっと知恵を絞った戦略が明らかに必要です。

戦争の大きな問題点の一つは、したいと言っている人が前線に立つことはなく、したくない人が「お国のため」という、それが本当なのか検証もできない抽象概念の下に戦場に送られることになるということです。クラブ活動なら、サッカーをやりたい人がサッカーをやり、野球をやりたい人が野球をやる。これが普通です。だから戦争をやりたいという威勢の良い人たちだけが、どこかの無人島にでも行って戦争をやるのなら、私はそれもありかなと思いますが、そうはならない。恐怖と暴力とプロパガンダで、無理やり自国民を戦場に送り、国土を戦場にし、そして自分たちは決して前線には立たない。国民の意思と開戦を決定する人たちの意思に大きな乖離（かいり）があっても、国民は自分の意思を押し殺し、ただその決定に従い自分の命を危険にさらすしかない。本当に大きな人権問題であり、戦争の前には、〝人権〟という尊い概念は無効になってしまいます。そんな事態を、決して二度と日本に招いてはいけない。

日本が抱える「縄張り争い」

成熟した同種個体の「殺し合い」が起こるのは、主に縄張りや異性のパートナーを巡る争いであることを前話に書きましたが、人類の戦争もこの縄張り争い、特に経済的な問題が絡んだ縄張りに端を発することがしばしばです。日本は、今この縄張り問題を三つの国との間に抱えています。北方四島、竹島、そして尖閣諸島です。この中で北方四島は人が住める有人島であり、歴史的な経緯がやや複雑です。一方、現在より注目されている尖閣諸島や竹島の問題は、考え方にさほどの難しさはありません。簡単に言えば、歴史的には竹島も尖閣諸島も誰のものでもなかったのです。

もちろん漁師や船乗りはどちらの国に住んでいようが、共に竹島や尖閣諸島の存在を知っていました。ちょっとした漁をしたり、魚釣りをしたり、時化(しけ)の時は船を避難させたりしていたかもしれません。しかし、竹島も尖閣諸島も岩礁に毛が生えたような小さな島で、竹島に至っては水もありませんから、現実的にそこに住んでそれを「自分のものにする」努力など、誰もしなかったのです。自分の住んでいる場所から船で何時間もかかる遠く離れた絶海の孤島で、食料の調達も難しい場所ですから、当然のことです。自分のものだと言ってみても現実的に何の価値もなかった訳です。たとえばあなたの家と隣の家の間にある道路に石が落ちていたとしましょう。その石が誰のものかと言われても、えっ？　という感じではないでしょうか？　そんなもの誰のものでもない。それと同じ状態が長い間続いていたのです。その帰属が今も問題になっていること自体が、その証拠と言ってよいと思います。

近代的な国の概念が成熟してきて、国境なども厳密になってくると、そんな役に立たない島であっても、誰のものかが問題になってきます。通常であれば、どちらのものかはっきりしない島を自分のものと言い出せば角が立ちそうなものです。だから、現実の経緯は相手が〝文句を言えない状態〟の時に、一方的に宣言する形で尖閣諸島も竹島も日本のものとなりました。尖閣諸島の場合は、日清戦争で日本の勝利がほぼ確定した1

895年1月（日清戦争の終結は同年3月）に、竹島の場合は韓国を事実上占領下においた第一次日韓協約を締結した直後の1905年1月（第一次日韓協約締結は1904年8月）に、日本の領土と閣議決定され公表されています。これが「無主地であった」尖閣諸島や竹島の占有を最初に国際的に宣言したもので、少なくとも表面的には国際法のルールに則（のっと）ってこれらの島は日本のものとなっています。

しかし、話し合いの結果ではなく、こういった経緯ですから、中国も韓国も当然納得していません。日本が帝国主義的な侵略の一貫として、これらの島を自分のものにした。その宣言は無効だという主張も理解できるものです。そして竹島の方は、今度は日本が太平洋戦争に負けGHQの占領下で〝文句を言えない状態〟の時に、韓国の一方的な宣言により強奪され、現在に至っています。ある意味、自分が先にやったことをやり返された形です。さらに第二次世界大戦の後には、領海や海洋資源の利用についても国際法が整備され、岩礁のような島であっても保有することで実際に経済的なメリットが生じるようになったため、事態はさらにややこしくなっています。かつては何の価値もなかった島に本当に価値が生じてしまったのです。

未来をつくる「大人の対応」

現在、日本も中国も韓国も、歴史的にも国際法的にもこれらの島は自国の固有の領土だと、小学生の口喧嘩(くちげんか)のようなことを言い合っています。お互いが相手の言い分を無視した一方的なことを言っていますから、議論の進展もなく、完全な水掛け論です。竹島を実効支配している韓国は、日本の自衛隊が竹島を奪還しに来るといい、尖閣諸島を実効支配している日本は、中国が尖閣諸島に攻めてくる、と言って危機感を煽(あお)っています。日本に住んでいれば、自衛隊が竹島を奪回しに攻めていくなんて荒唐無稽の話にしか思えませんが、尖閣諸島を中国が取り返しに来るということは、それと同じくらい現実味のないことと確信できる人は少ないでしょう。しかし、こんな話は本当にくだらないことなのです。かつて竹島や尖閣諸島が、道路に落ちている石と同じくらい価値がなかったように、今も竹島や尖閣諸島を領有すること自体には、ほぼ何の価値もありません。自分の物を他人に取られたら悔しい、という子供のような感情が害されるだけのことです。

経済的に意味があるのは、漁業権や海底資源の権利といったもので、その線引きは島の領有権とは別に、話し合いで解決できる問題です。また、世界にはこういった線引きがうまくいかない問題について、共同主権という形で両方の国の主権の行使を認めている島や地域がいくつもあります。よっぽど大人の対応です。「歴史的にも国際法的にも我が国固有の領土」という念仏のような文言を唱え続けて争いの種を残し、世界3位の軍事費を支出し続けるより、もっと良い日本の未来の姿はいくつもあるはずです。そうして韓国とも中国とも争いの種を解消し、今度は話し合いで領海の線引きやそれに伴うさまざまな権利の帰属を決めていく。そういう交流のチャンネル、腹を割って話せる関係を持ち続けることが、東アジアに再び戦禍を招かないために重要なのです。

「台湾有事は、日本の有事」というようなことを簡単に言う人たちは、そのことが日本にどんな未来をもたらすのか、それを本当に考えたことがあるのだろうかと思ってしまいます。「国権の発動たる戦争と、武力による威嚇又は武力の行使は、国際紛争を解決する手段としては、永久にこれを放棄する」と憲法に謳っている国が、どうしてそんなことができるのか？　自国が侵略を受けた訳でもない事態に、集団的自衛権などと言ってわざわざ首を突っ込むことが、平和国家としての日本の信頼をどれほど損なう行為であるか。中国と日本が争うことや日本が軍備を増強することで、本当に喜んでいるのは誰なのか。それをよく考えるべきなのです。どんな困難があろうと、日本が戦争に巻き込まれる未来を作ってはいけない。そう心から思っています。

第三部

科学と非科学のあいだで

UFOは非科学か

大学に入って本格的に将棋をやってみようと思っていた僕は、入学早々、将棋部の部室を訪ねてみた。大学からの案内に示された場所には2階建ての木造建物があり、その2階に部室があるはずだった。しかし、そこにあったのはあまりに古式ゆかしい（ありていに言えばボロボロの）建物で、建物の中にも、外にも、立て看板や廃材が散乱し、2階に上る階段を踏めばミシミシと音がした。こんな廃墟のような場所で、正常な部活動が正常に行われているとは到底思えず、恐れをなした僕は早々に退散した。しかし、何度確認してもやはりその古式ゆかしい建物の中に部室があることになっており、二度目に訪れた時に思い切って廃材を乗り越え、ミシミシと音がする階段を上ってみた。さらに廃材やガラスの破片が散らかった2階の廊下もギーギーと変な音がしたが、構わずそこを奥へと進むと目の前に「UFO超心理研究会」なる看板が見えた。「ひぇー。なんという所に来てしまったのだ！」、そう思ったことを今も鮮明に覚えている（将棋部の部室は、その向かいだった)。

田口ランディ氏の小説『マアジナル』に、このUFO超心理研究会をモデルにしたのか、「京都大学鞍馬山UFO研究会」なるものが出てくる。それによると彼らは、鞍馬山の頂上でピンク・レディーの「UFO」を踊ると、空飛ぶ円盤が乱舞するほどやって来ることを発見していたらしい。我々が奇声を上げながら将棋を指しているその横で、そんな研究がなされていたとはまったく知らなかった。当時もっと彼らと話をしていればと、悔やまれる。

「正義の味方」たる科学

これまでUFOと言えば、何と言えば良いのか、「このような扱い」で紹介されるのが常だった。しかし、昨今、状況は変わった。2020年の4月27日に米国防総省が、「謎の空中現象」としてUFOのような物体が飛んでいる映像を公開したのである(正確にはすでに流出していた映像を正式に米国海軍が撮影したものと認めた)。今までにもUFOの映像や画像と言われるものはあまた存在したが、ネス湖のネッシーのような捏造やトリック映像のようなものという疑念が拭えなかった。しかし、米国防総省が正式に認めたのだから、少なくともあのように見える現象がこの世に存在することは間違いないと言ってよい。「UFOを信じるなんて、非科学的」とか言われたり、僕も当時、「UFO研究会」って、なんのサークルなん？　とか思っていたものだが、今やUFO（正確には、米国防総省はUnidentified Aerial Phenomena, UAPと呼称している）は科学の対象となったのだ。

しかし、未確認飛行物体（UFO）ではなく、未確認空中現象（UAP）と呼称していることからも感じられるように、米国防総省も地球外生命体がUFOに乗って地球に来ていることを積極的に支持しているという訳でもないようである（否定もしていないが）。単にあのように見える現象が、この地球で起こっていることを認めたということである。宇宙人がUFOを操縦しているというのは一つの有力な説明に違いないが、どこかの国が秘密裏で開発している兵器である可能性や、何かの自然現象とか、はたまた宇宙人ではなく地底人の乗り物だ、というような別の説明もあり得よう。

しかし、こういった一見これまでの常識では説明できない現象が明らかになるのは、どこか気味が悪い。「科学的」であるためには、科学で証明されたものだけを信じるべきという考え方もあり、たとえば「太陽系から一番近い恒星でも4・2光年。仮に光のスピードで移動しても往復8年以上かかる。地球外生命体の飛来なんて現実的にあり得ない」とか、「UFOが急に進行方向を変えるのは、慣性の法則に反している。映像は絶対に捏造されている」とか、理屈をつけて「宇宙人だけは、何とか勘弁して欲しい」というような努力をする人たちが出てくる。できるなら「正義の味方」たる科学に、いかがわしきものたちをすべて退治して欲しいのだ。

僕自身も宇宙人がいると言われると、どこか不安を掻き立てられる部分は確かにある。研究生活を始めた学生の頃、培養した大腸菌のフラスコを見るたびに、「大腸菌にとっては、このフラスコの中が小宇宙だよな。この地球も、もしかしたら神とか宇宙人とかが、彼らにとってはフラスコのような小宇宙に生命の素を植えただけなのかもしれない」などと思いながら、大量の大腸菌を高温高圧の滅菌処理で全滅させていた。僕も知らないうちに、宇宙人にマイクロチップを埋め込まれたりしたら嫌だし、ある日突然、「滅菌」されるのも勘弁して欲しい。心の中で、そう思わないことはない。

「わからない世界」の中の科学

しかし、少なくとも現時点で、科学は宇宙人を退治することができない。科学は人類がこれまで得られた知識で作り上げられた体系であるが、これから得られる知見でどんどん発展していく体系でもある。「光のスピードより速いものは存在しない」とか、「慣性の法則」とかいうのも、現在の物理学でそう信じられているだけであり、新しい知見が得られればその理論は変わっていく。理論が先にあって、現実があるのではなく、現実にある現象から学んで、科学の理論が補強、更新されていくのだ。宇宙人が現実に地球に来ているのなら、光の速度より早く空間を移動する手段が何かあるのかもしれないし、現在の生物学の常識ではとても知的生命体は生存できないと思われている、より近い惑星の環境下でも、実は地球型とは違う原理で動いている生命体が、高度な文明を発展させているのかもしれない。

だから科学的な態度とは、科学の権威を振りかざして、現在の科学理論に合わないものを頭ごなしに否定することではない。真に科学的な態度とは、安易に結論を出さない不安定な状態を、確信が持てる証拠が得られるまでは続けていくということである。「非科学的」と簡単に断罪して安心するのではなく、「わからない状態で頑張り続ける」とでも言えばいいのだろうか。それはある意味、宇宙人がいても仕方ないとあきらめることを意味しており、知らない間にマイクロチップを埋め込まれていようが、普通に、淡々と生きていくしかない。宇宙人を避けるために我々にできることと言えば「鞍馬山の頂上で「UFO」を踊らないこと」くらいなのである。

この世には「わからないこと」や「自分がコントロールできないこと」が多くあり、それもこの世界の重要な一部である。自分に見えているものだけで世界が出来ている訳ではない。そういったこの世の「闇」のようなものに、あれもこれも「非科学的」と、ヒステリックにレッテル貼りをした所で現実は何も変わらない。それらから逃げ切ることは、アラブの王様でも、ディープステートでもできないし、閣議決定しても無理である。その「非科学的」現象がどんなものであっても、堂々と受け入れることからしか、科学は始まらない。お化けがいても、神様がいても、別にいい。それで科学が終わるわけではない。もし神様がお姿を現すことがあれば、「その髪の毛を1本ください」とお願いし、DNA解析ができないのか、神様は非生物でDNAを持たないというのなら、せめて元素分析はどうなのか、と挑む人の営為が科学である。たとえ、その行為が神の目から見れば、いかに滑稽に映ろうとも、である。

ベターな選択

小学校から高校を卒業するまでの12年間、僕たちは学校で教科書を学ぶ。大学でも一部の授業ではそうだ。そんな長い間、学び続けた教科書を久しぶりに見ると、その内容が変わっていて驚くことがある。たとえば僕が中学生や高校生の頃には、鎌倉幕府は1192年に成立したと教えられていて「イイクニ（1192）作ろう鎌倉幕府」と覚えたものだった。しかし、最近の教科書では1192年ではなく、1185年から鎌倉時代は始まったとされている。同じようなことは理科の教科書でもあり、以前は太陽系の惑星は九つあったが、今の教科書では冥王星が惑星から外れて八つとなっている。天の川銀河系の形も、以前は渦巻銀河型で図示されていたが、現在は棒渦巻銀河型となっている。生物でも、僕が中学生の頃には、キノコなどは胞子で増える植物という扱いだったが、今の教科書では菌界という動物界や植物界と並ぶ一つの界として独立している。これらは、つまり学問が進歩したことにより、知見が訂正されたということだ。自然科学でも人文科学でも同じだが、新しい情報が得られれば、かつて正しいと思われていたことが間違いだとわかることは珍しくなく、訂正されることで学問は進歩していく。

そう言われると納得してしまいそうになるが、ちょっと待って欲しい。教科書が書き換えられるということは、つまり僕たちは間違ったことを勉強し続けてきたということなのだろうか？　教科書や科学的知見といった言葉を聞けば、それは無条件に正しいものだと思われがちである。しかし、実は科学的知見と呼ばれるものは、その少なくない部分が、新陳代謝をするように割に短時間で書き換えられてしまうのが実際である。もちろん教科書に載るような科学的知見は、新陳代謝もあまりない骨格にあたるようなものので、そうそう変更がある訳ではないが、そのようなものであっても時に書き換えられてしまうのである。

現時点の「正解」

当たり前と言えば当たり前だが、科学の知見は「神の言葉」ではない。だからそれは「絶対的な真理」、つまりそれ以上のものがない〝ベスト〟ではなく、現在人間が把握可能な範囲でより正しいと考えられている〝ベター〟な知見の集合体である。「ベスト」であるはずの「神の言葉」は、「神」が違えば時に違いがあり、お互いが「絶対的な真理」を譲らないため、進化もなければ発展もなく、残るのは争いだけになる。しかし、科学の知見は、時に異なった説が融合して新たな発展を生み出したり、新しい発見があれば修正され、より正確な知見へと進化するようなことが起きる。そういった柔軟性、可塑性こそが、科学という体系の優れた特性である。ただその結果、教科書は書き換えられることになるし、科学的知見はすべて仮説にすぎない、といった荒っぽい言説も、あながち誤りとは言えないことになってしまう。

一方、現代社会では科学的な考え方を基盤とすることが原則であり、何か問題が起こった時には「科学的な見地から検討する」といったことがよく言われる。だが、ここまで書いてきたように科学的な知見とは、何か絶対的な真実を与えてくれるものではなく、あくまで現時点で最も確からしい仮説（場合によっては、お互いに矛盾する複数の仮説）を提供しているに過ぎない。この問題をここ数年ネットを中心に議論のあった新型コロナウイルスに対するワクチン接種を例に考えてみよう。

新型コロナウイルスに対するワクチン接種は感染対策の切り札と考えられ、２０２３年３月時点で１３３億回以上の接種が世界中で行われたとされている。これだけ大規模に世界中で行われている感染対策に対して、その効果を疑問視するだけでなく、有害であるという主張まで出ている。一体、これはどういうことなのだろうか？　この問題は、科学的なワクチン肯定派と非科学的な反ワクチン派という構図で捉えられがちであるが、実際はそんな単純な話ではない。どちらの立場にも科学的なエビデンスに基づく論拠が存在している。

普通に考えると科学的な論争は、ワクチン肯定派に分があるように思える。ワクチンを用いたウイルス感染への対策は、人類の脅威であった天然痘に対するエドワード・ジェンナーの種痘法に端を発しており、これは１９８０年のＷＨＯ（世界保健機関）による天然痘撲滅宣言へとつながっていく。人類の天然痘ウイルスに対する完全勝利の金字塔である。また、麻疹・風疹、水疱瘡やおたふくかぜといったウイルス性の疾患に対しても、ワクチン接種を用いた感染予防法は確立されていると言ってよい。人間には獲得免疫と呼ばれる、異物に対して後天的に免疫が強化される機構が備わっており、ワクチンを打てば一定の免疫力が得られることは、一般的に言えば確実である。実際、新型コロナウイルスに対してワクチン接種が効果的であったとする科学的な知見は、権威ある医学誌に複数の研究グループから報告されている。感染を阻止できるのか、どれだけ重症化を防げるのか、といった有効性の程度には議論があっても、全体として言えば一定の効果があると考えることには妥当性がある。だからこそ世界各地でワクチン接種が行われているのである。

一方、反ワクチン派にも有力な主張がある。今回、新型コロナウイルスへの主力ワクチンとして使われたのはmRNAワクチン（他のタイプもあるが、日本では使用例も少なく、ここでは話に含めない）と呼ばれる新型のワクチンである。従来ウイルスに対するワクチンでは、弱毒化もしくは不活化したウイルス等を抗原としていたが、その抗原をどうやって大量に調製するのかといった技術的な問題や、人に接種して大丈夫なのかという有効性や安全性の問題があり、これらの製造・検証には急いでも通常3〜4年は必要とされる。新型コロナウイルスのワクチンは、パンデミックが始まってから、わずか

1年足らずで製品化されたが、この驚異的なスピードはmRNAワクチンという新しい技術の賜物であった。

しかし、この方法はウイルスタンパク質をコードする遺伝子（mRNA）を注射して、ヒトの体内でウイルスタンパク質を作らせて、それを抗原にするという、まったく新しい原理であり、新型コロナウイルスのパンデミックが始まる前には、この方法で作られたワクチンが認可された例はなかった。ワクチンの完成を3～4年も待てないという世界的な状況が、mRNAワクチンの実用化を後押しした面は否めない。スピードを重視したため、新手法にもかかわらず時間がかかる安全性試験の一部を省略して接種が始まっており、こういった措置は状況を考えると理解はできるものの、手続き的に異例であり、リスクを伴うものであったことは確かである。

技術的な面から考えても、この手法では原理的に自分の細胞の中で抗原が作られることになるが、では、その抗原を作る細胞が自分の免疫細胞により攻撃されることはないのだろうか？　抗原となっているコロナウイルスのスパイクタンパク質は細胞膜に存在する性質を持っており、一部はそれを作った細胞の表面に留まってしまう。すでに体内に一定量の抗体がある状態でブースター接種などを行えば、抗原を作る細胞は自分の免疫システムからの攻撃対象となるはずである。つまりｍＲＮＡワクチンの追加接種は、体内に自分の免疫機構によって攻撃されてしまう細胞をたくさん作ることになる。どこの細胞でスパイクタンパクが作られるかは確定的に予測することができず、万が一、大切な細胞にｍＲＮＡワクチンが入り込み、そこでスパイクタンパク質を作るようになれば、その細胞が攻撃されることになる。それが健康被害を引き起こすことはないのだろうか？

また、スパイクタンパク質自体にも血栓を生じさせる性質があり、体内で多量に合成された際の毒性を問題視する論文や、ウイルスに対する抗体により逆に感染が促進されるＡＤＥ（Amtibody-Dependent Enhancement）と呼ばれる現象などについても複数の論文が出ている。また長期的な影響という点からは、ｍＲＮＡワクチンにコードされたスパイクタンパク質を作る遺伝子が我々の染色体に入り込んでしまう危険性も指摘されている。こういったさまざまな懸念は、いずれもリスクの程度には議論があるものの、科学的根拠のないものではなく、決して非科学的な妄言ではない。

科学に基づいた判断の宿命

このような社会的に大きな関心のある問題を、大雑把にまとめることには批判があるかもしれないが、あえてその愚を犯すなら、新型コロナウイルスに対するｍＲＮＡワクチン接種は一定の効果が期待できるが、短期的・長期的な健康被害を生むリスクも否定できない、ということになる。構図的には、飛行機に乗れば便利だが墜落するかもしれないというようなリスク＆ベネフィットの問題となっている。ワクチン肯定派はベネフィットが大いに優ると主張し、反ワクチン派はベネフィットがほとんどないにもかかわらずリスクが高いと主張している。この論争はワクチン接種の正確な有効性とリスクの程度を解明すれば結論がでることであるが、この一見単純に思えることも、人間を対象とした研究では多くの制約があり、現状では不明な部分が残されていると言わざるを得ない。ワクチンを打った人がバタバタ亡くなるほどリスクが高いものでないことは確実であるが、ワクチン接種後に急死した例も一定数報告されており、その因果関係はきちんと検証されるべきだろう。また、ワクチンの有効性に関しても、リスクを指摘する声を黙らせるほどの劇的な効果がなかったことは確かだと思う。新型コロナウイルスに対するmRNAワクチン接種の是非は、もう少し時間をかけた検証が必要なのである。

結局の所、全世界で展開された新型コロナウイルスに対するワクチン接種であるが、それは卓効があり安全と科学的に結論づけられたから使用された訳ではなく、大局的な政治判断から接種が始まったのである。新型コロナウイルスのパンデミックからどうやって国民の生命を守るか立案する側は、高齢者から若年層まで国民全体を考えて、またリスクとベネフィットの両面を考えて施策を打っていく必要がある。判断は急を要しており科学的な論争に一定の決着がつくまで黙って待っている訳にも、ゼロリスクに拘泥する訳にもいかない。その時点の科学的知見に照らした妥当性と現実的な問題への対処と、その両方を勘案した判断が必要で、「ベターな選択」としてワクチン接種を選んだのだ。それは当時の判断として最善のものだったと個人的には思う。しかし、それは科学の進展により、今後費用対効果や安全性の検証に問題があったと判断されることになる可能性を否定するものではない。ある意味、それが科学に基づいた判断の宿命なのである。

また、このような社会問題が絡んだ科学論争は時に歪(ゆが)んだものになりがちな点にも注意が必要である。政治的な判断には責任がつきまとうため、その判断が間違っていたとする知見の公表や報道には有形無形の圧力がかかることが起こり得る。さらに言うなら、ワクチン販売で巨大な富を得ることになる製薬会社等の意図が、科学の世界にまったく入り込む余地がないと考えるのも、ずいぶんとナイーブなことである。新型コロナワクチンに関する議論についても、そういった歪みが大なり小なりあるようには感じるが、それは時間と共に心ある科学者たちの健全な科学論争へと収束していくことを期待している。科学の世界に救いがあるのは、間違った言説が一時広まっても、50年や100年といった長い時間で考えれば、それが科学を支配し続けることはできないということである。それは科学の知見が「ベターな選択」に過ぎない理由と同様、科学が進歩し成長し、変わっていくという性質ゆえの帰着である。皮肉に響くかもしれないが、それが科学というものの本然の性なのである。

組織化の起源

ちょっとしたクイズだが、以下の6種の動物を二つのグループに分けるとすると、どうなるだろうか？

セイウチ、イヌ、ウシ、クジラ、クマ、ラクダ

普通に考えるなら一つ目のグループがセイウチとクジラ、二つ目のグループがそれ以外のイヌ、ウシ、クマ、ラクダというふうに分ける人が多いのではないだろうか。なぜなら前の2種は海に住む海生動物であるが、他の4種は陸生動物だからである。しかし、驚くことなかれ、現在の生物学の分類では、セイウチ、イヌ、クマが一つのグループで、ウシ、クジラ、ラクダがもう一つのグループなのである。前者は、食肉目（ネコ目）と呼ばれる動物を捕食する方向に進化したグループで、後者は鯨偶蹄目という草食動物を

中心としたグループだ。

こういうこれまでの感覚に合わない分類は、分子系統解析という、その生物が持つDNA配列に基づいた分類手法の導入により判明してきたものである。この手法により示された新しい生物進化の道筋の中には、「鳥類は爬虫類」とか、「ヒトは魚類」とか、「ちょっと、なに言ってるかわからない」感じのものもあるが、僕が特に興味を持っているのは真核生物における単細胞生物から多細胞生物への進化である。

動物はなぜ誕生したか

長い間、真核生物の中心は、多細胞生物である動物や植物だと思われてきた。しかし、DNAによる系統解析でわかったことは、実は真核生物の中心は原生生物と呼ばれていた、その多くが水生の単細胞の生物群だったということだ。顕微鏡を使わないと見えないような生物ばかりだが、そんな彼らの中にはこれまで知られているすべての真核生物のDNA類型が含まれていた。これが何を意味するかと言えば、もともと真核生物の祖先になるような生物がいて、それが動物、植物、原生生物というグループに別々に分かれていったというのではなく、すべての真核生物が初期においては水の中でポヨポヨと泳ぐ単細胞の「原生生物」であったということだ。そういった「原生生物」の中から多細胞化という戦略を採った一部のグループが巨大化して動物や植物などになっていったという進化のシナリオである。

興味深い点は、DNA解析では多細胞化を起こしたグループに属していながら、現在も単細胞のまま生きている生物もいるということである。つまりそういった単細胞生物は、過去の分類で言えば原生生物だが、DNAに基づく分類を適用すれば、我々動物、あるいは植物などの多細胞生物と同じグループに属することになる。この動物と同じDNA型を持つ原生生物を含めたグループは、動物以外の生物を含むため、もう動物とは呼べない。そこでつけられた分類群名が、たとえばオピストコンタである。オピストコンタは五界説[*注4]でいう原生生物の一部、キノコなどの真菌と動物で構成されているが、このグループの特徴はすべてのメンバーが従属栄養生物、つまり他の生物を捕食したり、その死骸から栄養を得たりという生活環を送る、根っからの他食者集団であるということだ。その中にいる人間も、他の生物の命を頂かないと生きていけない罪深い存在であ

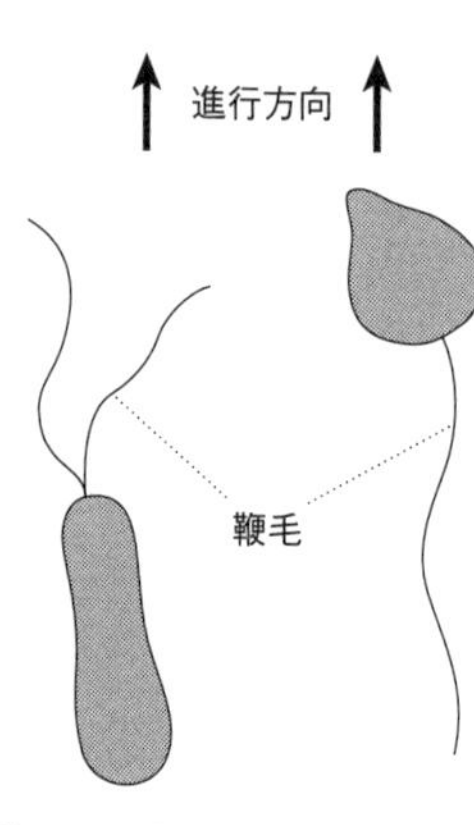

図3　オピストコンタ（右）とそれ以外のグループの一例（左）

り、一体、どうして僕たちはこんなふうになってしまったのだろうか？　と思わないでもない。

これについて定説が確立されている訳ではないが、このオピストコンタという聞きなれない名前の由来にその謎を解くカギがあるというのが一つの仮説である。オピストコンタは、ギリシャ語のopistho-（後方）とkontos（鞭毛）という言葉の合成語である。つまりこのグループは細胞の後方に一本の鞭毛を持ち、その駆動力により移動することを特徴としている（図3）。現在のヒトの細胞では、すでにその多くが鞭毛を失っているが、唯一精子にその特徴が残っている。では、オピストコンタ以外のグループの鞭毛がどうなっているかと言えば、2本あるいはそれ以上の鞭毛を前方に持ち、平泳ぎの手のように動かして移動するものが主流である（図3）。一方、我らがオピストコンタはクロールのバタ足のように鞭毛を使うのだ。どちらが運動性に長けているかは論を俟たないであろう。オピストコンタはこの優れた運動性により他の生物群を圧倒し、そして恐らく彼らを捕食した。他の生物が光合成などでせっせと貯めた有機物（栄養）を、捕食によって自分のものにするというやり方は、身も蓋もない言い方だが、非常に効率的であり、我々の祖先はその方向へと進化の舵（かじ）を切ったのだろう。捕食者にとって敏捷（びんしょう）な運動性とともに大切なのは体の大きさである。一般的に体の大きなものは、それより小さいものを捕食することができる。しかし、その逆は稀（まれ）である。多細胞化により極度に巨大化した生物は、動物と植物が主なものだが、恐らく前者はこの捕食における優位性、後者は陸上におけるより高くという光への競合が、多細胞化のドライビングフォースになったのではないかと思われる。鞭毛の形態という、始まった時には恐らくほんのささいな違いに過ぎなかったことが、その後、進化の流れの中でどんどん大きな違いとなり、またそれが我々の「原罪」を生んだと考えると、何か感慨深いような、少し不思議な思いもする。

＊注4：1969年にロバート・ホイッタカーにより提唱された生物の分類体系であり、生物を動物界・植物界・菌界・原生生物界・モネラ界の五界に分けるとする説。

組織化の宿命と私たちの社会

こうして生まれてきた多細胞生物であるが、機能的な多細胞生物というものはオラが国で気ままに暮らしていた単細胞生物の烏合の衆では決して成立しない。各細胞が集まっても勝手気ままに行動したのでは、資源の取り合いなどの競合によるマイナス要素の方が大きいだろう。つまり単細胞生物から多細胞生物へと歩み始めた時点で、各細胞はオラが国的な自我を放棄して、より大きな集団としての意思のようなものに従うことが絶対的な命題となっていくのだ。各細胞が連絡し合い、全体の利益のために一致して行動して初めて多細胞生物はその真価を発揮できる。

多細胞からなる生物が総体としての一つの〝意識〟を持ち始めるのは、一体いつからなのだろう。手足の細胞は、生まれた時から手足で、中枢神経から伝えられる通りに動き、摩耗して死んでいく。そんなヒエラルキーはいつから生まれて、それがどうやって可能になっていったのだろう。生物の歴史が示す通り、多細胞生物は単細胞生物とは次元が違うような存在へと進化し、ある意味、単細胞生物を凌駕していくことになるのだが、一つの細胞はその中で「機械のネジ」になってしまう。それはその細胞にとって本当に「幸せ」なことなのだろうか？

単純なアナロジーが適切なのかわからないが、これは人間社会における国や政党のような組織と個人の関係とも一脈通じている。有利・不利という観点から言えば、徒党を組み複数の人間が一体化した方が、多数決のようなものでも、軍隊のような暴力装置による闘争であっても、有利である。文明の発展と社会の組織化は切っても切り離せない関係にあり、より巨大で効率的な組織化に成功した集団は、他の集団を「捕食」できるのだ。しかし、そのためには多細胞生物と同様に、各個人が全体の利益のために一致して行動して初めてその真価が発揮される。つまりその中で〝意思〟を持てるのは、「中枢」のみである。組織の中では個人は自我を放棄して、より大きな集団としての意思に従うことが、この構図の原則である。もちろん現代の民主主義国家では、集団の意思決定は集団内の多数決やそれによって選ばれた代表を通じて決まることになっており、建前上は個人の意思が集団の意思決定に反映されることになっている。しかし、誤解を恐れずに直言すれば、それはある種の社会的な幻想であり、高度な組織化において個人の意思は無視されるに等しい。学校のホームルームとは訳が違うのだ。戦争などの非常時は言うまでもなく、たとえば国会における政党政治の議決などを見ても、多少のフィードバックはあり得ても、意思決定は結局中枢が行う。それが〝組織化〟の本質であり、宿命である。

本能に刻まれたもの

人間社会でそういった組織化を可能にしているものは、社会ルール、指導者のカリスマ、利益誘導、暴力など、さまざまなものがあるのだろうが、個人的に興味を持つのは、そこにある一種の高揚感と選民意識のようなちょっとした優越感である。その組織に属することへの誇り、より大きな目的のための自己犠牲、そして独特の陶酔感。あれは何なのだろう？　集団と一体となり、そこで自己の発露が叶う時、何か報酬系の神経伝達物質のようなものが分泌されるプログラムが、僕たちのＤＮＡに刻み込まれている。そんなことを感じてしまうのだ。もしかしたら、あの妙な心地よさは我々の遠い祖先が、バラバラだった細胞たちを集めて組織化していく過程で生み出した何かの仕組み、何かを麻痺・陶酔させるような化学物質、そんなものに起源があるのだろうか？　もし、仮にそうだとして、それは組織化による生物の進化を生んだ「福音」なのか、それとも「個」を麻痺させる「魔力」だったのか？

親子の情愛や性の悦び等もそうであろうが、生物の本能に深く刻まれたものは、それ無くして何の生きる意味があろうか、というような強い陶酔感、多幸感を与えてくれる。それらは生きる喜びにもつながっており、決して頭ごなしに否定されるべきものでもなかろうが、その根源性ゆえに、制御が難しいものでもある。歴史を紐解けば、この陶酔的な感情に基づいた、宗教にもしばしば見られる構図は、多くの支配者によりさまざまな形で利用され、それに殉じた個人の破滅、時に集団の破滅を導く道へとつながってきたことも事実である。

動物の起源について知ることは、その存在を生んだ根源的な性質を理解することでもある。それは僕たちの強さと同時に、避けがたく持っている弱さも教えてくれる。そしてそれは、社会で何が起ころうとしているのか考える上でも、貴重な示唆になるのだと思っている。

迷惑でいびつな生命

大学生の頃に京都の田舎で、3畝ほどの小さな田んぼを借りて無農薬の稲づくりをしていた。数人の有志で、車で2時間ほどかけて時々田んぼに行って、その近くにある小さな小屋で寝泊まりして農作業するというもので、田んぼは農家の人から無償で貸してもらっていたので、今考えるとずいぶんと恵まれた体験をさせてもらっていたものだ。そこに集う人々は、学生と、ちょっと怪しげなお兄さんと、ちょっと怪しげなおじさんなどがいたが、夜は酒を飲みながら他愛もない話をして過ごすのが常だった。ある時、そのちょっと怪しげなお兄さんの一人が「人に迷惑をかけることなんて、何でもない」というようなことを言ったことに、僕はひっかかり「なんで人に迷惑をかけていいんですか?」と、突っかかってしまった。そのお兄さんはちょっと困った顔をして、「いやいや、そういう話じゃないんだけど」みたいな、答えのような答えになってないようなことを言ってお茶を濁し、話を流してしまった。もうずいぶん前の話だが、その時のことは何かずっと心に残っていた。

「人に迷惑をかける」ことと「人に迷惑をかけない」ことの、どっちが良いかと言えば、その答えは明らかなように思える。そうでなくても僕たちは日本人だ。「人様に迷惑をかけないように」を念仏のように唱えて育てられてきた。「人に迷惑をかけることを何とも思わない」と言わんばかりの言葉に、当時の自分は少し憤りを感じたのだと思うが、今はそのお兄さんが何を言いたかったのか、少しわかるような気もする。

ブフネラという生き物

ブフネラというアリマキ（アブラムシ）と共生している細菌がいる。アリマキは植物の害虫で師管液を吸汁して生きている。師管液には光合成に由来する糖分が多く含まれているが、タンパク質のもととなるアミノ酸はほとんど含まれておらず、アリマキは常に糖分過多である。ブフネラはそんなアリマキにアミノ酸を合成して与え、その代わりに過分にある糖をもらって生きている。ブフネラとアリマキの共生は細胞内共生という少し特殊な形態で行われており、アリマキは体内に菌細胞という特別な細胞を作り、ブフネラはほぼ一生をその菌細胞の中だけで過ごすことになる。彼らの共生の歴史は長く、共生生活を始めてからすでに2億年になると推定されている。2000年に日本人研究者によって、このブフネラのゲノム配列が決定されたが、その結果は驚くべきものだった。

ブフネラは私たちの腸内にいる大腸菌と近縁の細菌だが、大腸菌と比べると持っている遺伝子の数が約7分の1になっていた。これはアリマキの菌細胞内での長い共生生活の間に、アリマキ側から提供してもらえるものは、自分で作る必要もないよねと、どんどん遺伝子を捨てていった結果と考えられている。私たち人間も、たとえば結婚すると、それまで別々にもっていた洗濯機とかアイロンとか炊飯器とか、二つあっても仕方のないものがたくさん出てきて、人にあげたり捨てたりして処分することがあるが、それと同じようにブフネラは自分の遺伝子を次々と処分してしまい、気づけば2億年の間に遺伝子の数が7分の1になってしまったということらしい。

しかし、そんなブフネラは当然もうアリマキと離れては生きていけない。大腸菌なら人の体内から外に出て、たとえば川でも池の中でも生きていけるが、ブフネラはアリマキの体から取り出すと、自然界では生きていけないし、人工的にどんな栄養素を与えても培養すらできない。自分ひとりでは外敵と戦うことはおろか、自分の細胞膜さえ作れないのである。大学でそんなブフネラの話を紹介すると、ブフネラはもう生物じゃない、という意見が出てくる。ブフネラはアリマキの体外に出てひとりで生きていけない以上もうアリマキの一部であり、一人前の独立した生物として認めることはできないということだ。ブフネラの生態を考えれば、もっともな意見である。

つながりの中で生きる

しかし一方で、果たして「独立して」生きている生物など、本当にいるのだろうか？とも思う。たとえば人間はどうだろう？　私たちの食べ物は、野菜であれ、肉であれ、他の生物に依存している。実はアリマキと同じで、人間はアミノ酸のいくつかを自分で充分な量作ることができず、他の生物から摂取しなければ生きていけない。人間は肉や魚といった食物からそれらを得ており、ブフネラのように特定の生物に依存しないと生きていけない訳ではもちろんない。ただ、改めて考えてみれば、依存する生物が生きているか死んでいるか、あるいは特定なものか不特定多数かといったことに、何か本質的な違いがあるだろうか？　また、人間は呼吸によって酸素を得ているが、それは陸上の植物や海の藻類などが光合成をすることで生み出されたものだ。つまり食物にせよ、それに含まれるアミノ酸にせよ、呼吸のための酸素にせよ、それらはすべて他の生物の存在に依存している。

そう私たちは、牛や豚やニワトリに、迷惑をかけながら生きている。それが私たちの本当の姿である。そしてそれは程度の差こそあれ、人間だけでなく現在この地球上に存在するすべての生物に共通する姿と言ってよい。たとえ他の生物を捕食することのない植物であっても、光合成に必要な二酸化炭素は、他の生物の呼気によって大気中に供給されている。また植物の多くは菌根菌という共生菌の存在がなければ、土から十分な養分を吸収することができない。決して〝独立して〟生きている訳ではないのだ。この世界は、すべてを完璧にこなし、他の生物の助けなど必要のない生き物たちが集まってできているのではなく、それ単独では生きていけない、不完全でいびつな生き物で溢(あふ)れている。そして、それらがお互い補い合い、つながって全体の存在を可能にしている。それが「生命」の本当の姿である。

そして人間社会もその縮図である。周囲を見渡せば、植物のように基本的には多くのことを自分でこなす独立型の人もいれば、他人の助けがなければ生きていけないような従属型というか、寄生的な人たちもいる。そんな寄生的な人たちは一般的に言えば「迷惑」な存在だろうし、自分のことくらい自分でやって欲しいと思うのが人情である。しかし、この世からすべての「迷惑」がなくなれば、より良い世界になるかと言えば、必ずしもそうではないと、今は思う。

日本では「人様に迷惑をかけないように」と教えられて育つが、インドでは「お前は人に迷惑かけて生きているのだから、人のことも許してあげなさい」と教えられるそうだ。それは社会というものが、そういった双方向の「迷惑」を介してつながっていることを教えてくれている。何かより豊かな世界観ではないだろうか。

そうなのだ。もらう側に喜びがあれば、実は与える側にも喜びはある。親子関係などは、その最たる例だろう。その関係が強制や過度に一方的なものでない限り、「迷惑」

がまったくない世界より、より豊かで喜びに満ちた世界が「迷惑」により生まれてくる可能性はあるのだと思う。あの怪しげなお兄さんはそういうことを言いたかったのだろう。

閉じない世界

完全な球体は、完璧で美しいものである。しかし、もしそこに欠点があるとしたら、それは完璧で何の助けも要らないこと、つまりそれ以上に良くなることが難しいことではないかと思ったりもする。人に迷惑をかけないようにと、いろんなことを予測、計算してすべてを完璧にこなすことは、何か世界を閉じてしまうようなことにつながっている。外からの風は、すきまがあるから吹いてくる。たとえば人の助けであったり、運のようなものであっても、すべてをコントロールして世界を閉じてしまっては、やってくる余地がない。

だから完全な球体だけの世界は、組み合わせもなにもない。ただ多数の球体が存在しているだけである。いびつな形のものがたくさんあることで、それらを組み合わせた

「新たな形」ができてくる。時にそれは一つのパーツからは想像もできないような複雑で美しいものとなる。世界を見渡せば、存外そんなことってあるのだと思う。だから、この世界には不完全でいびつな生き物ばかりが揃(そろ)っているのだ。世界の謎が一つ解けた。なんかそんなふうには、思えてこないだろうか？

落ちてくる卵焼き

山に登ると、空が広い。谷風が山を駆け上がってくれば、上昇気流で冷やされた水蒸気が湧きたつように雲になり稜線に現れる。次々と形を変える雲の姿は、いつまでたっても見飽きることがない。雲の形は融通無碍（ゆうずうむげ）、変幻自在である。時にそれは人の顔のようであり、別の雲は動物の姿のようにも見える。また時には、太陽の日差しと相まって、神秘的で息を飲むような光景を作り出す。それは、ただの偶然、あるいはただの幸運なのだろうが、そこに「神の啓示」を見る人がいても理解できることである。次々と変わっていく雲の形に何を見るかは、その人次第であり、それを誰も否定することなどできない。

我が家の愚犬

我が家の愚犬は台所に人がいるとパトロールに来る。そのきっかけは、ある朝彼に訪れた幸運だ。その日、妻が子供のお弁当を作っていたのだが、誤っておかずの卵焼きを床に落としてしまった。彼が喜び勇んでその卵焼きを平らげたことは言うまでもない。それからというもの、彼は誰かが台所に行くと必ずついてくるようになった。以前は台所に入ると怒られるので、恐る恐るという感じだったが、今はなにかのルーティーンのように必ずついてくる。もちろん変な癖がついてはいけないので、こちらも台所で食べ物をあげるようなことはしない。しかし、かれこれ2〜3年にはなろうかと思うが、彼は毎回台所についてきて、決してその努力を惜しまない。その彼の努力は本当に数えるほどではあるが報われた。ある時、僕は温泉卵を作っていたのだが、卵をお湯から取り出そうとして、そのあまりの熱さに手を滑らせた。また、ある時、妻が冷蔵庫から卵パックを取り出そうとした時に、そのうちの一つがころげ落ちた。温泉卵に、生卵だ。大戦果である。

人の努力というものは、どこかこの話と似ている所があるような気もする。何かを成し遂げるためには必ず努力が必要だが、多くの場合、努力をすればそれが叶うというふうには、この世はできていない。報われない努力や涙は、この世に溢れている。しかし、努力をコツコツ、コツコツ続けていると、時々「卵焼き」が落ちてくるのだ。それは「運」とか、「チャンス」といった言葉で形容される代物である。それがいつ来るのか、あるいは本当に来ることがあるのかすらわからない。ただ、それがいつ来てもいいように常に準備していることが肝要なのだ。彼は、それを怠らなかった。

麻雀と将棋

少し話は変わるが、学生の時、研究室の教授が麻雀好きでお強く、時々ご一緒させて頂いた。先生は麻雀に勝つとご機嫌で「麻雀の方が将棋より高級なゲームなんや。わかるかな〜」というようなことを言って、よく僕をからかっておられた。当時、僕は麻雀なんて偶然の要素が大きいし、所詮はギャンブル。将棋より高級な訳がないと思っていたが、この歳になって、あながち先生はそれを冗談で言っていたのではなかったのかもしれないと思うようになってきた。

将棋は、盤上にすべての情報が開示されており、有限確定完全情報ゲームと呼ばれるカテゴリーに属する。極論すれば常にその局面の最善手、すなわち正解がわかっているゲームだ。現時点では初手から終局まで最善手を続けることができるＡＩも人間も存在しないが、基本的にはより深く先読みできる人が強い。つまりその人が持つ資質・能力や訓練度のようなものが大きく勝負に作用する。一方、麻雀は有限不確定不完全情報ゲームに属し、次にどんな牌を引いてくるか、相手がどんな牌を持っているのか情報が開示されていない。だから、いくら才能があろうが、どんなに訓練していようが、ある局面での１００％正しい最善手を言い当てることは原理的に不可能である。確率的に有利なはずの選択が、実際には裏目に出てしまうようなことは日常茶飯事であり、偶然が支配する非合理性、不条理さを内包している。つまり何が最善なのか厳密には誰にもわからない状況で、何かを選択しないといけないゲームである。確かにこの意味で、麻雀は将棋よりも最善手を探すのが難しいゲームと言えないことはない。

このことを少し違う言い方をすれば、正解がある問題には、正解へとたどり着く「理」があり、それを発見できるかどうかは個人の才知や努力に依存しているが、いったん見つけた「理」に従う選択には迷う余地がない。しかし、何が正解か原理的にわからない問題は、従うべき確かな「理」もなく、拠って立つべきものがない。それは〝確率〟のようなおぼつかない「理」と、揺れ動く自分の感情、恐怖心とのせめぎ合いの中で何かを選んでいく作業である。本当に大事な選択になれば、単なる頭の回転のような才だけでは抗しきれないプレッシャーと恐怖が襲いかかってくる。頼るものがない世界で〝自分〟が問われるのである。

そして重要な点は、この世を生きていく上での選択の多くが、実は将棋的なものより麻雀的なものであるということだ。もちろんどんなものにも道理はあり、努力により成功の確率は上がる。単純に将棋的とか、麻雀的といった区分けをするのは不適切で、その多くは中間的なものであろう。しかし、何が最善なのか厳密には誰にもわからない、不条理さを内包しているという点において、この世は根源的に麻雀的であるように思う。決してすべての情報が開示され、論理的に整合性が取れたものばかりで世界が構成されている訳ではない。さまざまな偶然や、時に「政治的」と呼ばれるあまり公正でも合理的でもないものの作用で物事が決まっていく。「オープンな競争の結果だから、自己責任だよ」などと言っても、実際は決して実力のある人、能力が高い人、努力をした人ばかりが成功している訳ではない。偶然と不公正が少なくない部分を支配しており、この世は不条理を内包しながら存在している。

何かを信じて生きていくこと

時々、〝偶然〟とは何なのだろうと思うことがある。この世で人が行う判断の多くは、運を天に任せるしかない部分があるが、運が良いとか悪いとか、ツキがあるとかないとか、そういうものが確かにあると、僕は思う。古代の昔から人はそういった「突然の大漁」のような幸運、あるいは「事故死」のような不幸、そんな〝偶然〟を神の意思のように解釈し、幸運を呼び不幸を避けるように祈りを捧げてきた。世界中のどんな民族にも、そういった原始的な信仰はあり、それは漂い移りゆく雲の形に、人の顔や動物の姿を見る行為と同じものなのかもしれない。しかし、どこか人の心の奥深くに、何か響くものを持った行いのようにも思う。それが何なのか。そこに神の啓示を見ようが見まいが、AIで再現できるランダムネスと同じものであろうがなかろうが、いずれにせよ、人には制御できないものである。やれることをやったら、あとはその捉えどころのないものに身を委ね、どんな結果もただそれを受け入れるほかに、人は術を持たない。そしてそれは、願いが叶うこともあれば、時に「どうしてこんなことが」と思うような不条理で嫌なことが人生で起こってしまっても、耐え忍ぶしかないことを意味している。それが「人事を尽くして、天命を待つ」ということなのだろう。

これと関係あるのか、ないのかわからないが、鶴見俊輔（つるみしゅんすけ）氏が「知識人の戦争責任」について語っていた言葉を、僕は印象深く思い出す。彼の言によれば、過去の大戦の時、知性と教養を持った「有能な人」は時勢に即してころころと言うことや立場を変え、それを正当化した。合理性は状況が変われば変化するものであり、「理」を求めることは、変わる状況に応じて「節」を曲げることにつながる性質を持っている。一方で「戦争反対」と同じことしか言わない人の考えは揺らがなかった。彼はそれを「節操がある人」と表現している。

何が最善なのか誰にもわからないこの世界を生きていくために、またその不条理さの恐怖と向き合うために、助けとなるものがあるとしたら、それはそういう「節操」のような覚悟を伴った、あるいは何かにへばりついているとでも形容されるような、心の在り方かもしれないと思うのだ。自分が本当に大切に思うことは、目先の損得や状況の変化に惑わされず、ずっと揺らがず心に持ち続けること。そして絶えずそれに向けた努力を続けること。そうして「卵焼き」が落ちてくるのを待ち続けること。それが「信じる」という行為なのだと思っている。

幸福な時間

小学生の頃の忘れられない友人にケンジがいる。僕の通っていた小学校は、田んぼが広がる古い農村地帯と新しい市街地のちょうど中間に位置しており、ケンジは田舎側に住んでいた。僕は市街地側の住人だったが、放課後は家に帰ってから毎日のように自転車を飛ばして、ケンジの家に遊びに行った。自転車で20~30分ほどはかかっただろうか。小学生にとっては決して近い距離ではなかったが、ケンジと遊ぶことは僕にとって何か特別なことだった。

彼は田舎育ちで、優等生とはあらゆる意味で対極にあったが、山や川や海や、そういった自然の中で遊ぶための知恵を本当に宝石箱のようにたくさん持っていた。僕は小さい頃から虫が好きで、自宅の近くでクワガタなどが採れる木や場所をいくつか見つけ出していて、夏になるとそんな自分の縄張りを巡回するのが日課だった。ただ、そこで採れるのはコクワガタが主で、ヒラタクワガタでもいれば大物だった。しかし、ケンジはノコギリクワガタ、特に水牛と呼ばれる大あごをもつタイプやミヤマクワガタ、そしてまるまるとした大型のカブトムシの幼虫などが採れる場所をいくつも知っていた。それはもう羨望という言葉でしか語れないものだった。川に行けば、ウナギの取り方とか、海に続く河口近くでボラを捕まえる方法や、山にいけば、アケビやニッキやヤマモモやキイチゴや、そんな食べられる植物がどこに、いつ行けばあるのか熟知していて、僕に教えてくれた。

ケンジはいろんな「冒険」にも僕を誘ってくれた。僕が住んでいた町には射爆場と言って、自衛隊の戦闘機が射撃訓練を行う砂浜があったのだが、ケンジはそこから遠くない松林に忍び込める場所を知っていて、そこに流れ弾として落ちている機銃の弾や薬莢などを時々拾いにいった。もちろん訓練が行われていないことは確認していたが、流れ弾を拾えるということは、そこに銃弾が飛んでくるということを意味しており、ドキドキが止まらなかったことを覚えている。

またある時、ケンジが「面白いものが落ちている場所がある」と言って連れて行ってくれたのは、彼の家の近くにある神社だった。彼はその神社の床下にささっと忍び込むと、懐中電灯を持って床下を這(は)って行った。たぶん賽銭(さいせん)箱の後ろ側にあたる場所だと思うのだが、そこに到着すると、ケンジは「ここちょっと掘ってみ」と言った。言われた通り地面を少しだけ掘ってみると、なんとそこから寛永通宝などの古銭が出てきたのだ。江戸時代の人が投げていたお賽銭がこぼれて落ちてきたものと思われたが、賽銭泥棒のようでドキドキもするし、何より江戸時代の人たちとつながったようで、とてもワクワクした不思議な気持ちになった。忘れられない思い出である。

父親の仕事の都合で、小学校5年生の時に僕はその町から転校することになり、その後、中3の時に九州から青森にさらに転出することになった。1回目の転居後はまだケンジとつながっていたが、青森に引っ越した後は年賀状を出しても返事が来なくなり、音信不通となってしまった。それから長い時間が経ったが、ケンジとの思い出はずっと心にあり、今から4~5年ほど前だろうか。九州に帰省した際に思い切ってケンジの家を訪ねてみた。連絡先も知らないので飛び込みであったが、昔自転車で毎日のように通った懐かしい道をたどり、彼の家まで行ってみたのだ。

おそらく40年ぶり以上になるだろうか。訪れたケンジの家はもう跡形もなく、ただの荒れ地になっていた。呆然（ぼうぜん）とした。かつては何もない農村地帯だったその地区には、大きな国道のバイパスが通り、その道路沿いにはイオンモールができて、ケンジと駆け巡った里山も一部は切り開かれ面影もなくなっていた。それは本当に大きな〝喪失感〟であったが、感傷、と呼ばれるべきものなのかもしれない。ただ、その自分の中に湧き上がる、どうしようもない感情を僕は整理しきれずにいた。

人は皆、生まれ持った土台の上に、自分が経験してきたことを積み上げながら生きている。だから、人の半分はその人が経験したこと、そう「思い出の地層」とでも呼べるような、積み重なり沈着していった堆積物のようなものでできている。そうなのだ、今の自分の本当にコアな部分は、あの頃、ケンジに教わったことでできているような気もするのだ。僕が生物学を志すようになったのは、元々の指向性もあったとは思うが、あの頃感じた生き物の面白さや生き物と触れ合うことの喜びがベースになっている。生真面目な部分はあるのだが、どこかで「真面目なんて糞くらえ！」と思っているような、僕の少しはみ出したところも、あの頃の「冒険」が、今も僕の中に確かに存在している証だ。ケンジは、自分が知らない世界、それまでの自分を作り上げてきた本や図鑑や野球やドッチボールやボードゲームやビー玉といったものとは違う、その外にある世界への入り口だった。

　感傷、とは何なのだろうと思う。感傷主義（センチメンタリズム）は批判的に語られることも多い。それは感情の動きに溺れ、何ら生産的なものを生み出さない行為に映るからだろう。失（な）くしたものを嘆いてみても、それは戻らない。無意味で無駄なことである。だから、そんなことよりも、それを受け入れ建設的な一歩を踏み出すべきだ。それはその通りであろう。

　ただ、そういった太陽の下でキラキラと輝くような合理性に、僕はどこかで小さな違和感を持ってしまうのだ。ではたとえば、亡くなった人のために祈ること、その人との約束を守り義理を果たすようなことは、この世で一番「無意味で無駄なこと」なのだろうか？　「死んだ者のために、祈って何になる？」、それが正しい考え方か？

亡くなった人のために祈ることは、その人と過ごした時間や記憶を大切に思うことである。そこから何かの気づきを得る、あるいは何かに立ち向かうための勇気を得る、そういったこの世に何かの影響力を生み出す限り、その人はある意味、まだ「生きている」のだ。祈ることで、亡くなった人と僕たちはつながり、まだ共に生きていくことができる。感傷とは、自分の大切なものを反芻するように、そう嚙みしめては戻し、また戻しては嚙みしめるように、想う時間なのだと、僕は思う。人は経験で自分を作って行く。しかし、それが血肉となり、自分のコアな地層となるためには、それを嚙みしめ、味わい、自分の中に定着させるような時間が必要なことがあるのだと思う。自分にとって大切なもの、簡単に整理することができないものと、何かの結論を出さず、出せず、ただ共にある状態を感傷と呼ぶのなら、そう呼べばいい。この小文は、その「無意味」と「無駄」の中から生まれてきたのだ。

幸福な時間、愛しい時間。それはいつもすぐに過ぎて行く。ケンジと過ごしたあの日々もそうだったのだろう。その中にいる時は、それが幸せだと気づかないようなことも、失くした時に気づくのだ。子供が小さい頃、布団にもぐり込んできて、よく一緒に寝ていた。その小さな体を包みながら「もう少しだけ、この幸せな時間を、僕から奪うのを待ってください」と、いつも神様に願っていたものだった。しかし、時は過ぎていく。

振り返れば、喜びの時はいつも一瞬である。そこにいつでもあるように思えても、気づけば、もう手のひらからこぼれ消えている。だから、幸せな瞬間は、あるいは悲しみの瞬間でさえ、人にとってとても大切なものなのだ。それを手にできたこと、それが本当にかけがえのないことなのだ。人生で得られるものには、お金や地位や名誉や、いろんなものがあるだろう。しかし、自分の人生で何を体験し、その中で自分をどれだけ発露できたか。そして、そこで味わった気持ちや感情を自分の血肉にできたか。それ以外、最後まで自分に残るものはない、と僕は思う。

そう、それが人生で、一等、上等なものなのだ。

あとがき

令和3年9月、筑摩書房の橋本陽介さんから直筆の長い手紙を頂いた。そこにはこれまで私が書いた本の詳細な感想が書かれており、非専門家にもわかるような内容で面白く読んだこと、そして中高生を中心に若い世代を読者対象とした「ちくまプリマー新書」での執筆を検討してもらえないかという依頼だった。

手紙を読んでとても嬉しかったが、私は大学での研究を中心とした生活の傍ら執筆するというスタイルのため、同時に二つの執筆依頼は受けないことにしている。当時、前作をまだ執筆中で、次の話もぼんやりとではあるが聞いていたし、中高生向けの本というのも自信がなく、「いい本」を社是としている筑摩書房からのお誘いだけに残念には思ったが、お断りする旨のメールをお送りした。

しかし、メールを送った後、何か気になる。頂いた手紙を読み返してみたり、なにか書けないかと考えてしまうのだ。若い世代向けの本を書いてみたいという気持ちが、自分のどっかにあるのだ。それが刺激されてどうしても気になってしまう。結局、断りのメールを送った数日後には、「やっぱり書かせてください」というメールを送ってしまっていた。こんなことは初めてだ。これが本書に取り組むようになった経緯である。

テーマは何でも良いということだったので、生物の話を絡めながらメッセージを伝えるエッセイという形にした。何かを人に語れるほど立派な人生を過ごしてきたわけではないが、もうすぐ還暦を迎えるほどの時間を生きていれば、それなりのことを経験し、いろんなことを見聞きしてきた。そんなもろもろの中で大切だと思うこと、印象深く覚えていること、そしてそこで自分が何を感じ、考えてきたかを子供たちに聞かせてやりたい。そんな気持ちで執筆した。

執筆の機会を与えて頂いたちくまプリマー新書・編集長の橋本さんには、本書の編集も担当いただき、温かい励ましと有益な助言を絶えず頂いた。この場を借りて御礼申し上げたい。また娘の結子と息子の誠には、本書をちくまプリマー新書にふさわしい本にしたいという執筆の情熱を支えてもらったと思っている。本書を二人に贈りたい。

chikuma primer shinsho

ちくまプリマー新書447
わからない世界と向き合うために

二〇二四年二月十日　初版第一刷発行

著者　中屋敷均（なかやしき・ひとし）
装幀　クラフト・エヴィング商會
発行者　喜入冬子
発行所　株式会社筑摩書房
東京都台東区蔵前二-五-三　〒一一一-八七五五
電話番号　〇三-五六八七-二六〇一（代表）
印刷・製本　中央精版印刷株式会社

ISBN978-4-480-68471-4 C0240 Printed in Japan